PUBLICATIONS SCIENTIFIQUES DE E. LACROIX

LE NOUVEAU

COSMOS

REVUE

ASTRONOMIQUE

Pour l'année 1862

PAR

EDMOND DUBOIS

Ancien officier de marine, professeur d'hydrographie, chargé d'un cours
d'astronomie et de navigation à l'École navale impériale.

PARIS

LIBRAIRIE SCIENTIFIQUE, INDUSTRIELLE ET AGRICOLE
Eugène LACROIX, Éditeur
LIBRAIRE DE LA SOCIÉTÉ DES INGÉNIEURS CIVILS
15, quai Malaquais
1863

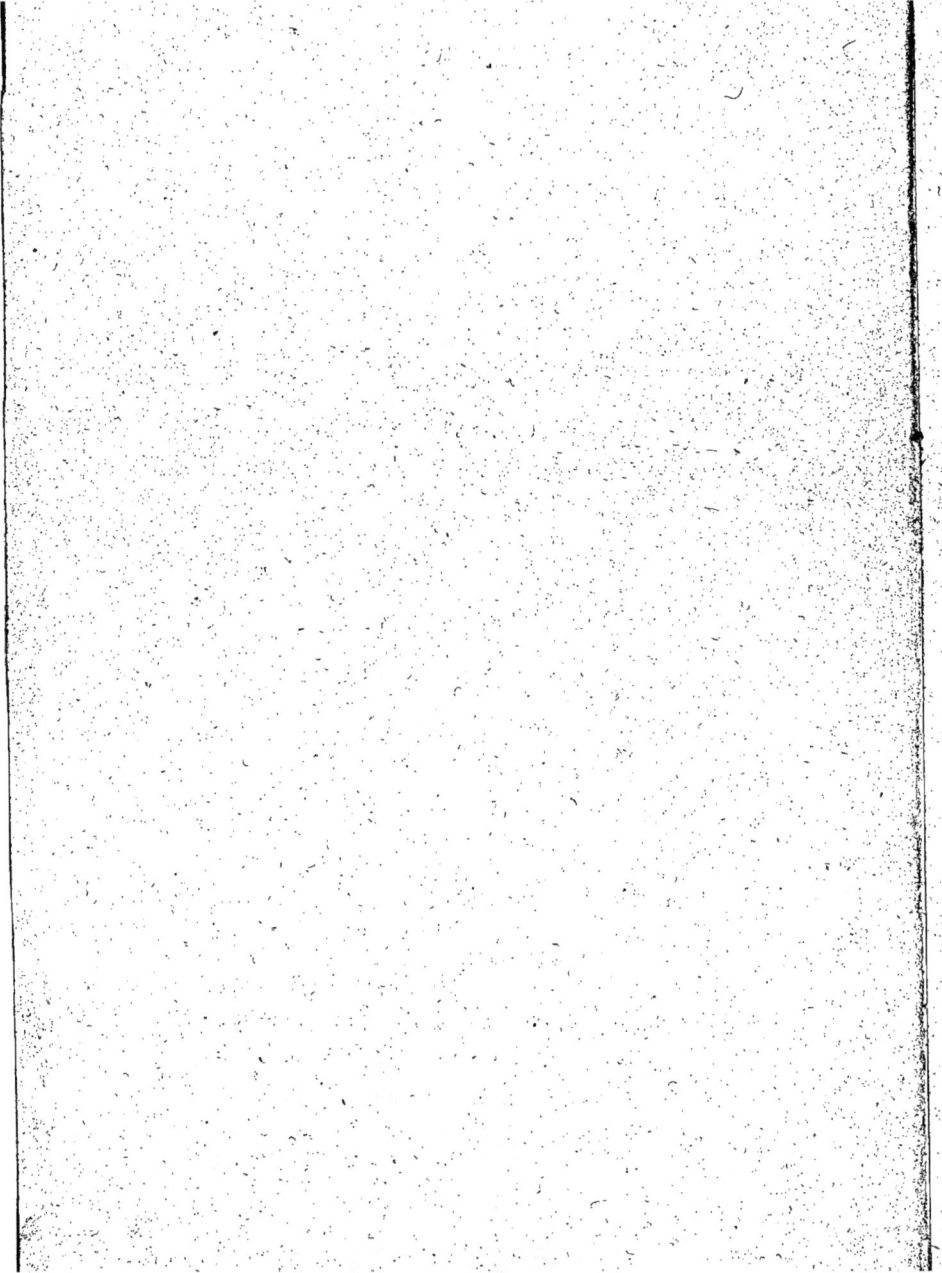

LE NOUVEAU

COSMOS

REVUE

ASTRONOMIQUE

V

37011

Paris. — Imprimerie de P.-A. BOURDIER et Cie, rue Mazarine, 30,

PUBLICATIONS INDUSTRIELLES DE E. LACROIX

LE NOUVEAU
COSMOS
REVUE
ASTRONOMIQUE
Pour l'année 1862

PAR

EDMOND DUBOIS

Ancien officier de marine, professeur d'hydrographie, chargé d'un cours
d'astronomie et de navigation à l'École navale impériale.

PARIS

LIBRAIRIE SCIENTIFIQUE, INDUSTRIELLE ET AGRICOLE

Eugène LACROIX, Éditeur

LIBRAIRE DE LA SOCIÉTÉ DES INGÉNIEURS CIVILS

15, quai Malaquais

1863

PRÉFACE DE L'AUTEUR

Chargé, depuis plusieurs années, d'un Cours d'astronomie à l'École navale impériale, mon but, en rédigeant une « *Revue astronomique annuelle*, » a été de mettre mes anciens élèves au courant des progrès réels et des travaux importants qui s'accomplissent chaque jour en astronomie.

Le *Nouveau Cosmos* est donc, pour ainsi dire, destiné aux jeunes officiers de la Marine française; toutefois, il s'adresse aussi à ceux que les découvertes astronomiques intéressent, et qui ont lu l'*Astronomie populaire* de l'illustre Arago, ou le *Cours élémentaire d'astronomie* du savant M. Delaunay.

REVUE
ASTRONOMIQUE

DE L'ANNÉE 1862.

PREMIÈRE PARTIE.

L'Étoile Sirius.

Tout le monde connaît la plus belle étoile du ciel, la plus éblouissante par son éclat et sa vive scintillation, et qui située dans le ciel austral ne s'élève au-dessus de l'horizon de Paris que de 24 degrés et demi environ.

Cette étoile que l'on nomme *Sirius* se trouvera à sa plus grande élévation au-dessus de cet horizon vers 10ʰ 45 minutes du soir, le 19 janvier, et vers 8ʰ 47 minutes le 18 février. Comme à ces deux époques la Lune sera nouvelle, on pourra contempler la brillante

1

étoile dans tout son éclat, si quelque nuage malencontreux ne vient s'y opposer.

Cet astre, étincelant comme un diamant, a toujours captivé par sa beauté l'attention des peuples qui ont été à même de l'admirer. — Si maintenant une intéressante question d'astronomie nous engage à nous en occuper, il a même eu dans l'antiquité son utilité réelle.

L'abbé Pluche, dans son Histoire du ciel, raconte, en effet, que les premiers hommes, enfants de Cham, qui vinrent s'établir dans la basse Égypte, il y a plus de 4,000 ans, eurent à subir les débordements inattendus du Nil. Dans le temps le plus sec de l'année, sans pluie précédente, du moins dans les pays soumis au débordement, le fleuve grossissait tout à coup, sortait de son lit et, débordant violemment dans la campagne, détruisait les cabanes, entraînait les troupeaux et faisait même périr une partie des habitants.

Si les causes de ce débordement, auquel est due la fertilité de la basse Égypte, sont aujourd'hui connues, elles ne pouvaient l'être encore à cette époque des premiers âges. Plusieurs Égyptiens remarquèrent toutefois que quelque temps avant le débordement, une brillante étoile se montrait vers le matin à l'orient, peu avant le lever du Soleil et disparaissait dès que l'aurore devenait plus brillante.

Les Égyptiens, heureux de cette découverte, nommèrent l'étoile *Thaaut* ou *Tayau*, c'est-à-dire le *Chien céleste*, parce qu'elle semblait ne se montrer que pour avertir.

L'astre brillant reçut aussi le nom de *Sothis, Canis* ou *Canicule*, et fut encore connu sous le nom de Sihor, Siris, c'est-à-dire étoile du Nil, d'où est venu le nom latin Sirius, sous lequel nous le désignons. Le génie du Nil, Anubis, était représenté par un homme à tête de chien.

Ainsi, le lever *héliaque* de Sirius, c'est-à-dire l'apparition de l'astre à l'horizon quand l'aurore commence à poindre, qui, à cette époque, avait lieu vers le 20 juin, ou environ 15 jours avant la crue des eaux du Nil, annonçait à l'Égypte le retour de l'été, devenait le signe presque certain du débordement du fleuve et signalait aux peuples qui bordaient ses rives le moment de se retirer sur les points élevés.

La précession des équinoxes, c'est-à-dire le mouvement conique de l'axe de notre globe dans l'espace, mouvement qui s'effectue dans 25,868 ans, a enlevé à Sirius la propriété de prédire l'inondation du Nil; son lever héliaque n'est sensible maintenant en Égypte que vers le 10 août.

Le mouvement de précession, qui est dû principalement à l'action du Soleil sur notre renflement équatorial, est tel, que peu à peu toutes les étoiles du ciel changent de position, par rapport à l'équateur et au point d'intersection de l'écliptique et de l'équateur.

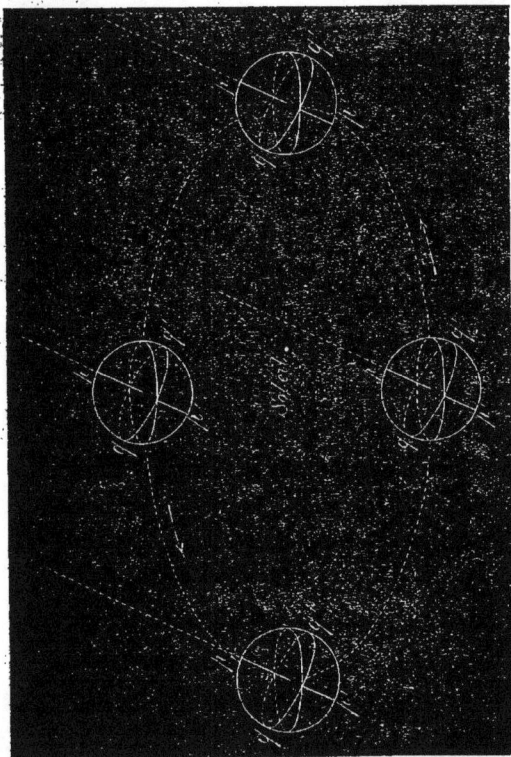

Fig. 1.

Ainsi, si l'axe pp' de notre globe (*fig.* 1) reste actuel-
ement, pendant toute une année, c'est-à-dire pendant

toute une révolution de la Terre autour du Soleil, dirigé à peu près vers le même point de la voûte céleste, voisin de l'étoile polaire, comme l'indique la fig. 1, dans

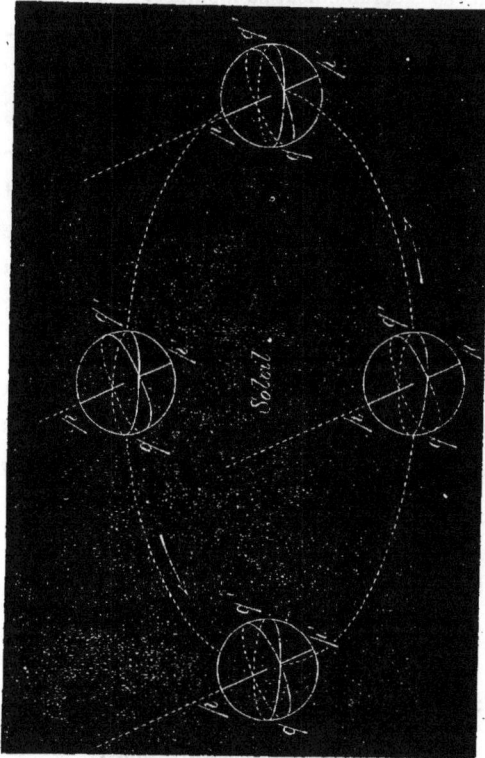

Fig. 2.

12,934 ans environ la Terre décrira sa course annuelle ainsi que le montre la fig. 2; *c'est-à-dire que son axe* ne sera *plus dirigé vers* α de la petite Ourse, mais à peu près vers α de la Lyre; on voit donc que toutes les positions des étoiles par rapport à l'*équateur qq'* auront dû considérablement se modifier.

C'est ce qui fait que l'étoile Sirius, qui est maintenant à 16° 30' de distance de l'équateur, et à 99° 46' du point du Bélier, distance comptée sur l'équateur, était, il y a 4,800 ans, distante de 22° 30' de l'équateur, et à 55° environ du point du Bélier, en n'ayant pas égard toutefois au *mouvement* propre de cette étoile. C'est là la cause du changement observé dans les époques du lever héliaque de Sirius.

Il y a 4,500 ans environ, ce lever arrivait vers le milieu de juillet. Les grandes chaleurs qui existent à cette époque, dans notre hémisphère, et les maladies qu'elles déterminent, étaient alors attribuées à *Sirius* ou à la *Canicule*, d'où est venu le nom de jours caniculaires, donné aux jours compris entre le 22 juillet et le 23 août. Depuis bien des siècles, comme on le voit, le lever héliaque de Sirius est inséparable de l'été, et c'est ce qui a fait dire à Virgile dans ses *Géorgiques*, livre IV :

Jam rapidus torrens sitientes Sirius Indos;
Ardebat cœlo, et medium Sol igneus Orbem
Hauserat, ...

Rapide déjà l'ardent Sirius brûlait du haut des cieux
les Indiens altérés, et le Soleil en feu, au milieu de sa
course, avait desséché la Terre.

Le journal *le Siècle* du 13 novembre 1862 a publié
un intéressant article de M. Radau, le savant collabo-
rateur de l'abbé Moigno, sur une découverte que paraît avoir faite Mahmoud-bey, astronome du vice-roi
d'Égypte, relativement à l'étoile Sirius et à ses rapports
avec la forme et la position des pyramides d'Égypte.

L'astronome égyptien, chargé par le vice-roi d'étudier ces grands monuments au point de vue de leur
disposition et des conséquences que l'on peut en tirer,
a eu la pensée que le plan des faces méridionales
des pyramides dont l'inclinaison moyenne est de 52° 30′,
devait être perpendiculaire au rayon de l'étoile Sirius,
dans sa plus grande élévation, à l'époque où ces monuments ont été construits.

L'astronome Mahmoud-bey donne l'année 3,300 avant
J.-C. pour l'époque à laquelle ce phénomène astronomique a dû arriver, et s'appuyant ensuite sur une
tradition répandue en Égypte, que l'an 225 de l'hégire
correspondait à l'an 4,331 des pyramides, il en conclut
que l'âge de ces monuments est environ de 5,200 ans.

Si l'on n'a simplement égard qu'à la précession des
équinoxes, on trouve que vers l'an 3,300 avant J.-C. le

rayon culminant de Sirius ne faisait pas un angle de 90° avec la face méridionale des pyramides, mais bien un angle de 87° 3′ environ.

Le calcul fait avec les formules de précession de Laplace, et par la méthode donnée dans l'astronomie de Biot, assigne l'année 2,508 avant J.-C. pour époque à laquelle cet angle était droit.

Pour trouver l'an 3,300 avant J.-C., Mahmoud-bey a admis que Sirius avait un mouvement propre annuel qui l'écartait du pôle nord de 2″,2 environ par année. — Or il n'y a guère que depuis un siècle que le mouvement propre, en distance polaire de Sirius, a été constaté; ce mouvement propre annuel, qui va en diminuant, était égal à 1″,2 en l'an 1750; en 1862 il n'était plus que de 1″,05; depuis 1750 jusqu'à nos jours Sirius s'est éloigné du pôle nord d'environ 2′ 13″,5. Mais ce mouvement va en se ralentissant; est-on donc en droit de conclure que ce qui se passe depuis *un siècle* s'est passé pendant 50 *siècles*, et d'après les mêmes lois? L'hypothèse de Mahmoud-bey nous semble au moins hasardée. La fig. 3 représente le phénomène auquel l'astronome égyptien attribue l'inclinaison des faces; BPB′ est une des pyramides, et au moment où Sirius, que l'on doit supposer sur la figure à une distance infinie, passait au méridien de Giseh, en l'an

2308, si on n'a égard qu'à la précession, le rayon ve-

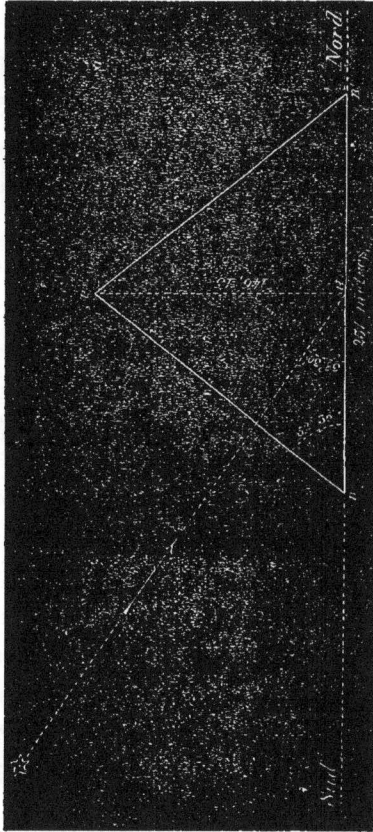

Fig. 3.

nant de Sirius à la Terre était perpendiculaire à la face PB.

L'idée de Mahmoud-bey que les pyramides ont dû être bâties à l'époque où le rayon de Sirius, à sa plus grande hauteur, au-dessus de l'horizon, tombait d'aplomb sur l'inclinaison moyenne des faces méridionales, est une idée qui a beaucoup de vraisemblance, en raison des croyances égyptiennes; il n'y a donc que la date astronomique donnée par l'astronome égyptien qui nous paraît basée sur un fait non démontré.

Il y a aussi un phénomène qui aurait bien pu décider les Égyptiens à donner aux faces de leurs pyramides l'inclinaison qu'ils leur ont donnée. A l'époque 3,300 avant J.-C. où, d'après Mahmoud-bey, Sirius, de son point culminant envoyait ses rayons perpendiculaires aux faces méridionales des pyramides, le Soleil au solstice d'hiver dardait à *midi* ses rayons presque perpendiculairement à ces mêmes faces. Aujourd'hui c'est encore plus vrai; puisque l'angle est de 89°; mais il était de 88° 28' environ il y a 5,000 ans. Ce devait donc sembler très-remarquable aux Égyptiens de voir, à une certaine époque, l'étoile Sirius arriver à son point culminant, presque au même point où, dans le jour, le Soleil avait atteint sa plus grande hauteur; la différence entre les deux lieux n'était environ que de 1° 1/2.

Il n'est pas sans intérêt de faire remarquer que l'année 2,508 avant J.-C. à laquelle on arrive sans avoir égard au moment propre de Sirius, est une année située dans l'intervalle compris entre les années 2,465 et 3,310 avant J.-C., qui sont les années limites assignées par Bunsen aux règnes des rois égyptiens Chéops et Chefrem, auxquels on attribue la construction des deux grandes pyramides.

Le Satellite de Sirius.

On sait que les *étoiles* prennent le nom de *fixes*, parce que leurs positions relatives semblent invariables, lorsqu'on ne pousse pas la détermination de ces positions jusqu'à la précision que l'on peut exiger des instruments modernes.

Cette fixité ne paraît plus absolue lorsqu'on emploie, dans l'observation de ces astres, tous les moyens dont l'astronomie peut disposer. Les étoiles semblent alors être en effet soumises à de petits déplacements relatifs, qui sont dus à plusieurs causes.

La première de ces causes, celle dont l'action se fait sentir sur toutes les étoiles du ciel, est due à la vitesse de la lumière combinée avec celle que possède la Terre, dans les différentes parties de l'orbite qu'elle décrit

autour du Soleil. Je ne parle pas du mouvement qui
résulte de la précession et de la nutation de l'axe,
puisque les positions relatives n'en sont pas altérées :
on sait que la *nutation* est un petit balancement de
l'axe de notre globe, analogue à celui de la précession,
mais qui s'effectue dans 18 ans 2/3 environ, et qui a
pour cause l'action de la Lune sur notre protubérance
équatoriale.

Le phénomène qui résulte de la combinaison des
deux vitesses dont je viens de parler, dont l'une (celle
de la Terre) n'est que la dix-millième partie de l'autre,
est connu sous le nom d'*aberration des étoiles*.

Par l'aberration ces astres semblent décrire, dans la
voûte céleste et dans l'espace d'une année, une petite
ellipse dont le grand axe parallèle à l'écliptique *est le
même* pour toutes les étoiles, et à peu près égal à la
48ᵉ partie de la largeur du disque lunaire, et dont le
petit axe, *nul* pour les étoiles situées dans le plan de
l'*écliptique*, augmente avec leur distance à ce plan.

Ce phénomène, dont on doit la découverte et l'ex-
plication à Bradley, en 1728, est parfaitement constaté,
et si les positions relatives des étoiles en sont modifiées,
on peut facilement ramener leurs positions apparentes
en positions vraies, en corrigeant le lieu de chaque
astre du déplacement dû à l'*aberration*.

Cette correction ne suffit pas pour rendre compte des déplacements relatifs observés dans certaines étoiles; aussi a-t-on cherché ailleurs la cause de ces mouvements. Depuis les observations et les travaux de MM. Struve, Peters et de l'illustre Bessel, on sait que ces changements dans les positions vraies de certaines étoiles sont dus à des *mouvements propres* que possèdent ces astres, dont quelques-uns, entre autres Arcturus, ont une vitesse presque triple de celle de la Terre dans son orbite, c'est-à-dire égale à environ 180 fois celle du boulet au sortir de la pièce. Ce qui n'empêche pas que, en raison de la distance immense à laquelle nous sommes de cette étoile, elle paraît si peu se déplacer dans la voûte céleste qu'il lui faudra plus de 850 ans pour se mouvoir d'une quantité égale à la largeur du diamètre de la Lune.

MM. Struve, Peters et Argelander ont aussi reconnu que certains changements dans les positions des étoiles, corrigées de l'aberration, sont dus à un mouvement général de tout le système solaire vers un point situé un peu au nord de λ de la constellation d'Hercule.

Or, il existe dans la voûte céleste une étoile qui, depuis longtemps, attire à un point extraordinaire, en raison de ses déplacements, l'attention des astronomes.

En faisant subir à cet astre, qui n'est autre que Si-

rius, la correction due à l'aberration et celle due au
mouvement général du système solaire, et en discutant
les observations de Sirius comparées pendant cent ans
aux étoiles des constellations du Taureau, d'Orion et
des Gémeaux, Bessel constata dans la brillante étoile
des oscillations prononcées et extraordinaires autour
d'une position moyenne.

Les lunettes astronomiques explorèrent les environs
de Sirius pour tâcher de découvrir quelque astre voisin
de la belle étoile, et causant, par son attraction, les
mouvements observés. Les recherches furent infructueuses. Bessel en conclut alors, que les irrégularités
observées dans le mouvement de Sirius étaient dues à
la présence d'un centre *obscur* attirant.

M. Struve éleva des doutes à ce sujet, et un an après
la mort de l'illustre directeur de l'Observatoire de
Kœnigsberg, il engagea M. Fuss à étudier la cause des
anomalies observées dans la position de l'étoile.

Les résultats auxquels parvint M. Fuss furent con-
traires à l'hypothèse de Bessel. Cependant M. Peters,
directeur de l'Observatoire d'Altona, le célèbre éditeur
des *Astronomische Nachrichten*, présenta au monde
savant, en 1851, un travail complet sur la belle et mys-
térieuse étoile. De ce travail il résultait que les écarts
observés dans la position de Sirius s'expliquaient par-

faitement par l'hypothèse d'une orbite elliptique, décrite par cette étoile autour du centre de gravité du système formé par cet astre et un autre astre invisible.

Le savant directeur de l'Observatoire danois détermina même la nature de l'orbite; il trouva cinquante ans pour temps de révolution; 0,8 pour excentricité, autrement dit, que le petit axe est environ les trois cinquièmes du grand; et il assigna 1791 ou 1792 pour époque du passage de Sirius à l'apside inférieur.

M. Auwers, de Kœnigsberg, et M. Safford, en Amérique, en soumettant à un examen minutieux les déclinaisons observées de Sirius, ont obtenu des résultats qui donnent raison aux conclusions théoriques de M. Peters. Il est vrai que, eu égard au peu d'étendue des variations en déclinaisons de Sirius et à la valeur considérable de la réfraction relative à cet astre, assez voisin de l'horizon, lorsqu'on peut l'observer en Europe, le travail de MM. Auwers et Safford a moins de certitude que celui basé sur les irrégularités observées dans l'ascension droite.

Le travail de M. Peters, que sembla encore confirmer celui auquel se livra, sur le même sujet, M. *Schubert*, calculateur du *Nautical Almanach américain*, ne fit qu'augmenter la préoccupation des astronomes au sujet de la brillante étoile, que l'astronome danois enchaî-

nait à un compagnon obscur, d'une masse considérable,
et qu'on ne pouvait sérieusement espérer contempler
dans les lunettes astronomiques.

Cette préoccupation était telle que, en 1854, M. Leverrier, en prenant la direction de l'Observatoire impérial, signalait dans son rapport au Ministre de
l'instruction publique, sur l'organisation de l'Observatoire, le phénomène étrange observé dans l'étoile
Sirius, « phénomène inexplicable, dit-il, sinon en ad-
« mettant que Sirius est soumis à l'influence d'un
« corps considérable auquel il est enchaîné par les lois
« de la gravitation. . . . .

« . . . .

« . . . .

« Si nous n'avons pas aperçu jusqu'ici ce compagnon
« de Sirius, c'est qu'il ne constitue pas un second soleil
« brillant d'une lumière propre, comme dans les sys-
« tèmes d'étoiles doubles, mais bien une grosse planète
« du soleil Sirius, planète dont l'éclat emprunté n'a
« pu parvenir jusqu'à nous. » . . . .

. . . .

Depuis 1854 jusqu'à cette année, les astronomes
ont vainement cherché à découvrir autour de Sirius la
trace de cette grosse planète signalée officiellement par
M. Leverrier. Aussi, en présence des résultats négatifs

obtenus, ce savant n'a-t-il pas hésité à présenter l'année dernière à l'Académie des sciences un travail de M. Calandrelli, le directeur de l'Université romaine, dans lequel celui-ci pensait démontrer que les variations observées dans la position de Sirius s'expliquaient parfaitement par un mouvement propre de cette étoile.

Comme on le voit, à la fin de l'année 1861, la question paraissait devoir rester au moins indécise et sans solution. Aussi quelle n'a pas été la surprise et l'étonnement des astronomes, quand on a appris tout à coup que le compagnon de Sirius, entrevu par les travaux de Bessel, l'astre mystérieux, qui avait lassé les lunettes de tous les observateurs, venait d'être découvert en Amérique.

Le 31 janvier dernier, M. Clark, astronome de l'Observatoire de Harvard-Collége à Cambridge (États-Unis), a en effet contemplé le satellite de Sirius à l'aide d'un objectif de 18 pouces.

Le 10 février suivant, le professeur Bond, directeur du même Observatoire, a pu aussi l'observer avec un réfracteur de 15 pouces, et en a déterminé la position relativement à Sirius.

Après les astronomes américains, il était réservé à l'Observatoire impérial de contempler l'astre qui avait été l'objet de ses vives préoccupations, et de venir ainsi confirmer la découverte américaine. Les 20 et 25 mars, en effet, à l'aide du grand téléscope à miroir argenté, construit nouvellement pour l'Observatoire de Paris, par M. Foucault, M. Chacornac a observé le satellite de Sirius, et a déterminé sa position relative, qui s'est trouvée conforme à celle obtenue par M. Bond; c'est-à-dire que l'astronome français a trouvé pour angle de position, le 25 mars, 86°,4, et pour distance de Sirius à son compagnon, 10″,4.

M. Chacornac a pu encore confirmer ces mesures par d'autres observations du compagnon, faites le 17 avril.

M. Peters, qui, à l'annonce de la découverte, avait écrit au *Cosmos* qu'il n'acceptait pas l'identité de l'astre découvert avec celui dont il a calculé l'orbite, d'après les oscillations de Sirius, s'est ensuite ravisé. Il a, en effet, inséré, dans le numéro du 3 avril des *Astronomische Nachrichten*, une note dans laquelle il annonce que, d'après les éléments qu'il a donnés de l'orbite du compaguon de Sirius, la plus grande distance ouest de Sirius, au centre de gravité du système de ces deux astres, aura lieu en 1866, 2, d'après les éléments IV qu'il a publiés, et, en 1869, 6, d'après les éléments V.

« Ceci s'accorde très-bien, ajoute le savant astro-

« nome, avec la grandeur de l'angle de position que
« MM. Bond et Chacornac ont trouvée actuellement,
« pour le satellite découvert par M. Clark, et, d'après
« cela, il est *sans doute possible qu'on ait trouvé dans*
« *cet astre le compagnon soupçonné par Bessel.* »

Ainsi, M. Péters paraît accepter l'astre découvert
pour celui dont il a calculé la position.

Si le fait se confirme, si la position de l'astre observé
s'accorde réellement avec la position déterminée antérieurement par le calcul, M. Peters aura résolu, pour
un monde autre que le nôtre, un problème ayant de
l'analogie avec celui résolu, il y a 16 ans, par M. Leverrier, relativement à la planète Uranus.

Autrefois l'observation, en astronomie, devançait le
calcul; maintenant le *calcul* devance donc l'observation. La puissance de ce merveilleux instrument, mis
entre les mains de l'homme par les Newton, les Leibnitz,
les Lagrange, les Laplace, se montre, dans notre siècle,
dans toute son étendue, puisque l'analyse et le calcul
nous dévoilent l'existence et la position d'astres que
notre œil ne pouvait soupçonner, et qu'il ne peut apercevoir que lorsque la physique, s'élevant en ce sens
à la hauteur de l'analyse, augmente le pouvoir de
l'organe extraordinaire avec lequel Dieu a permis que
nous admirions toutes les richesses de la création.

Puisque j'ai entrepris de faire connaître au lecteur la grande découverte astronomique qui vient de s'effectuer, je crois aussi devoir mettre sous ses yeux les objections qu'on pourrait présenter sur la réalité de cette découverte.

Signalons d'abord le fait suivant :

Le 11 avril dernier, M. W. Lassel, directeur de l'Observatoire de Malte, ayant lu, dans un extrait du *Galignani's Messenger*, l'annonce de la découverte de M. Clarke, dirigea sur Sirius son grand télescope de $1^m,2$ d'ouverture, avec un grossissement de 231; il put contempler le compagnon au bout de quelques instants de recherche. En appliquant ensuite un grossissement de 290, et ensuite un de 480, il a déterminé plusieurs positions de la petite étoile.

La moyenne de ses mesures micrométriques lui a donné $83°,85$ pour angle de position, et $4'',92$ pour distance à Sirius.

La distance $4'',92$ de l'astronome anglais est, comme on le voit, toute différente de celle $10'',4$ de MM. Bond et Chacornac. Aussi, s'il ne s'était pas glissé une erreur dans l'extrait du *Galignani's Messenger*, qui donnait $7'',4$ pour distance trouvée par M. Chacornac, M. Lassel aurait rejeté comme mauvaise son observation. Mais, par suite de cette erreur, il a considéré l'observation de Paris comme une *moyenne* entre la sienne et celle de Cambridge.

Ce n'est que lorsque le numéro 1355 des *Astrono-mische Nachrichten* a paru qu'il a vu que les deux dis-tances de MM. Bond et Chacornac s'accordaient, tandis que la sienne en différait énormément.

Nous ne savons, en réalité, à quoi attribuer une diffé-rence aussi considérable, car on ne peut admettre qu'un astronome comme M. Lassel ait pu se tromper de 7″ dans une mesure micrométrique.

Du reste, l'astronome Bond a adressé à la publication astronomique allemande, de M. Peters, de nouvelles observations du satellite de Sirius.

Douze distances ont été prises les 7, 10 et 16 février, les 11 et 29 mars, et enfin le 12 avril. La distance mi-nimum est de 9″,26; la distance maximum 11″,36; la moyenne des douze distances donne 10″,07, aussi M. Bond dit à M. Peters :

« Mes observations sur le compagnon de Sirius
« ne montrent aucune différence de nature à con-
« firmer celles signalées par M. Lassel. La grande
« inégalité dans l'éclat des deux astres déterminera
« naturellement de grandes différences personnelles,
« mais non de la grandeur de celles indiquées par
« M. Lassel. »

Serait-ce par hasard un second compagnon que l'astronome de Malte aurait aperçu?...

On peut se demander comment il se fait que cet astre, qu'on trouve aujourd'hui près de Sirius, n'avait pas encore été aperçu, malgré toutes les recherches auxquelles s'étaient livrés les astronomes. A cela on peut d'abord répondre qu'en Europe les observations relatives à Sirius ne sont généralement pas faites dans de bonnes conditions. Par sa position dans le ciel austral, cet astre est, en effet, fort souvent plongé dans les vapeurs de l'horizon.

Ainsi, en ce qui concerne, à ce sujet, notre Observatoire impérial, M. Leverrier a fait savoir à l'Académie des sciences que quand le grand télescope de M. Foucault eut été installé provisoirement à l'Observatoire, vers la fin de décembre 1861, on le dirigea aussitôt vers Sirius, avec l'*intention de chercher le satellite supposé*. On parvint seulement à établir, dit M. Leverrier, que les impuretés du ciel de Paris ne permettraient jamais de tirer un parti sérieux des très-grands instruments.

Aussi, d'après la demande qu'il en a faite, à cette occasion, au Ministre de l'instruction publique, on doit établir dans le midi de la France une succursale de l'Observatoire impérial, où seront établis les grands appareils astronomiques.

Une autre cause de la difficulté d'explorer les environs de Sirius, c'est son éclat extraordinaire et sa vive
scintillation qui produisent des phénomènes de radiation et d'ondulation, qui ne permettent pas une
observation minutieuse des abords de l'astre.

Ainsi, malgré l'annonce de la découverte américaine,
c'est-à-dire la certitude de l'existence de l'astre supposé, malgré le grand télescope Foucault, les astronomes de l'Observatoire impérial ont cherché vainement
le compagnon de Sirius pendant plusieurs jours de
suite.

Ce n'est que le 20 mars que la vive radiation de Sirius
s'est comme éteinte subitement, que les rayons qui la
composent ont paru se replier sur eux-mêmes, ainsi que
le dit l'abbé Moigno, se concentrer dans l'étoile, et le
compagnon est alors apparu nettement à M. Chacornac,
à une distance de 10″,4 et sous un angle de 83°; sa visibilité a duré plus d'une demi-heure, puis la radiation
l'a fait disparaître de nouveau.

On comprend, d'après cela, la difficulté qui existe
dans l'observation du compagnon de Sirius, et on peut
se rendre compte pourquoi, jusqu'à présent, sans le
secours d'instruments suffisants, et surtout de circons-
tances particulières, on n'avait pu l'apercevoir.

Il est probable, en effet, que sans le phénomène

extraordinaire qui s'est passé sur Sirius au moment
où M. Chacornac l'examinait, on n'aurait pu contempler, le 20 mars, à l'Observatoire impérial, le satellite cherché.

A quoi cependant attribuer cette extinction subite
de la radiation si intense de Sirius, phénomène qui a
duré près d'une demi-heure?

Cet effet est-il dû à l'interposition d'un autre satellite de Sirius, qui l'a éclipsé en partie pendant quelques
instants?

Est-ce un phénomène dans le genre de celui qu'on
observe dans les étoiles variables?

Sont-ce des taches immenses qui se sont formées
subitement sur le soleil Sirius, d'une manière analogue
à celles qui se forment sur notre Soleil? Est-ce enfin
une variation réelle de lumière qui s'est produite dans
la photosphère de l'étoile Sirius? La question mérite
d'être étudiée. Les observations que l'on publiera pro-
chainement nous apprendront sans doute si le phénomène s'est reproduit, et pourront peut-être fournir
des données propres à en définir la cause.

Il paraît donc bien constaté qu'il existe près de Sirius,
à une distance angulaire d'environ 10″,4, c'est-à-dire
180 fois plus petite que le diamètre apparent de la
Lune, un petit astre qu'on n'avait encore jamais vu, et

qui ne se trouve, par conséquent, sur aucune carte
céleste.

L'intensité de ce petit astre surpasse celle d'une
étoile de 11ᵉ grandeur ; car M. Chacornac, à l'aide
d'un micromètre à double image, en faisant naître
l'image extraordinaire de l'étoile principale dans le
voisinage immédiat de l'image ordinaire du compagnon,
croit avoir trouvé que l'éclat de cet astre est égal aux
dix-millièmes de l'éclat de Sirius ; il a même trouvé,
avec le grand télescope de M. Foucault, que cette
intensité est comprise entre un et trois millièmes de
l'éclat de Sirius.

Or, d'après la méthode de Williams Herschell, sur la
détermination des étoiles de différentes grandeurs, et
d'après les intensités relatives trouvées par Seidel, en
se servant du photomètre de Steinhel, on peut facilement calculer que l'intensité d'une étoile de 11ᵉ grandeur, est douze mille fois moins intense que Sirius ;
donc, en ne considérant même que la première mesure de M. Chacornac, le compagnon a à peu près
l'éclat d'une étoile de 11ᵉ grandeur. Ainsi, la non-
visibilité de cet astre, jusqu'à présent, ne tient donc
pas à son peu d'intensité lumineuse, mais à la position
astronomique de Sirius, à son éclat extraordinaire et à
sa vive scintillation.

3

Tout porte à croire que l'astre découvert, le 31 janvier, par M. Clark est le mystérieux compagnon entrevu
par Bessel. La position dans laquelle on l'a aperçu s'accorde, en effet, avec une de celles qui résultent des
éléments hypothétiques de M. Peters.

Nous croyons cependant devoir faire remarquer qu'il
se pourrait bien que ce petit astre ne fût qu'une étoile
très-éloignée du monde de Sirius et qui n'en est voisine
qu'*optiquement*. Ce n'est pas probable, disons-le, mais
enfin cela pourrait être. Pour qu'on soit bien certain
que c'est réellement un compagnon ou satellite de
Sirius, il faut qu'on constate dans cette petite étoile un
mouvement (qui, du point où nous sommes, ne peut être
que très-lent), et ensuite que l'orbite que l'on déterminera, *à l'aide de quatre positions observées* ; montre
bien que l'astre nouvellement découvert est soumis à la
brillante étoile, dont, suivant les lois générales de la
gravitation, il modifie périodiquement la route dans la
voûte céleste.

Espérons donc que cette première position, que
viennent d'obtenir MM. Clark, Bond et Chacornac, sera,
dans quelque temps, suivie de trois nouvelles observations, *différentes de la première*, et qui viendront réa-
liser complétement l'espoir des astronomes d'avoir enfin
découvert le satellite soupçonné par *Bessel.*

L'étoile Sirius n'est pas la seule dont les mouvements ont fait croire à la présence d'un astre perturbateur. La belle étoile Procyon (α du petit Chien) donne aussi lieu à la même hypothèse.

Les numéros 1371, 1372 et 1373 des *Astronomische Nachrichten* contiennent un grand travail de M. Auwers sur cette brillante étoile.

En discutant les ascensions droites et les déclinaisons de Procyon obtenues de 1752 à 1857, comparées aux étoiles, β du Taureau, β d'Orion, β des Gémeaux, α de l'Hydre et α du Lion, M. Auwers, astronome de l'Observatoire de Kœnigsberg, croit avoir trouvé que les variations observées dans la position de cette étoile peuvent aussi s'expliquer par la présence d'un satellite.

D'après les trois systèmes d'éléments hypothétiques donnés par M. Auwers, Procyon décrirait autour du centre de gravité des deux astres une orbite circulaire, dont le rayon serait de 1″,17 ou 1″,05 environ, et qui serait parcourue à peu près en 39 ans.

Le mouvement moyen annuel serait de 9°,114.

A l'heure qu'il est, le compagnon de Procyon serait à une distance de plus de 2″ de cette étoile, et sous un angle de position de 333°.

L'époque de la distance minimum en ascensions

droites de Procyon et de son compagnon aurait eu lieu vers 1796.

Bien que, d'après les mesures de M. Seidel, l'intensité de Procyon ne soit que le 7e de l'intensité de Sirius, on doit peu espérer découvrir le satellite de cet astre s'il existe tel que l'annonce M. Auwers, et cela à cause de sa grande proximité de l'étoile.

En s'appuyant sur les éléments hypothétiques de l'astronome de Kœnigsberg, M. Radau a trouvé que la masse du compagnon de Procyon doit être plus grande que cent fois celle de Jupiter, et même quatre cents fois plus considérable, si l'on suppose la masse de Procyon égale à celle de son compagnon.

Les Étoiles variables.

Il y a quelques astronomes qui semblent avoir pour mission spéciale l'étude des *étoiles variables*, c'est-à-dire des étoiles dont l'éclat change périodiquement d'intensité.

Ces astronomes sont MM. Argelander, Baxendell, Winnecke, Jules Schmidt et Pogson.

Ce dernier, directeur de l'Observatoire de Madras, publie depuis quelque temps, dans les *Astronomische*

Nachrichten, des éphémérides annuelles relatives à ce curieux phénomène.

Les éphémérides de 1862 contiennent les époques des maxima de 60 étoiles variables, ayant une période assez étendue, maxima que l'on aura pu observer en 1862, et les époques des minima de 6 étoiles changeantes à courte période, dont Algol de la tête de Méduse, est celle qui a la plus petite période. Dans 2 heures 20 minutes 49 secondes environ Algol augmente de la 4ᵉ grandeur à la seconde et diminue de la seconde à la 4ᵉ.

Les éphémérides de M. Pogson ne contiennent pas les époques des minima, pour 1862, de l'étoile S de l'Écrevisse, dont la variabilité a été découverte par M. Hind, en 1848, mais dont la période est l'objet d'une étude spéciale de la part de M. le professeur Argelander.

Cet astronome a donné dans le même recueil astronomique les époques des minima visibles de l'étoile S de l'Écrevisse pour 1862. Ces époques sont obtenues à l'aide d'une formule, représentant aussi bien que possible la *période* qui est croissante avec le temps, et qui, pour le moment, est d'environ 9 jours 11 heures 39 minutes.

Toutefois, entre la prédiction et l'observation il y a

nécessairement des différences qui proviennent évidemment de l'appréciation de chaque observateur et de la difficulté de déterminer avec une précision extrême l'instant du minimum d'éclat.

Ainsi, à l'observatoire de Bonn, le 18 décembre 1860, deux observateurs, MM. Tiele et Krüger ont trouvé entre eux une différence de 25 minutes pour l'instant du minimum. M. Jules Schmidt a observé le minimum du 16 avril de cette année, et il a trouvé avec les éphémérides de M. Argelander une différence de 22 minutes.

La formule employée par M. Argelander ne lui donne généralement pas plus de 32 minutes entre l'instant calculé et l'instant déterminé par les différents observateurs.

La détermination des intensités comparatives de plusieurs étoiles ou des intensités successives d'une étoile variable est un problème qui a été l'objet des recherches de plusieurs astronomes, et entre autres d'Arago. Dans son *Astronomie populaire*, tome I, page 354, il examine les différents moyens auxquels on a eu recours.

Parmi ces moyens, il cite celui de M. Xavier de Maistre, le célèbre auteur du *Voyage autour de ma chambre;* ce moyen consistait à employer deux prismes, l'un en verre bleu, l'autre en verre blanc, ayant le

même angle, la même grandeur et la même réfrangibi-
lité, et opposés l'un à l'autre, de telle sorte que le rayon
lumineux, en traversant le parallélipipède formé par
la juxtaposition de ces deux prismes, n'éprouvait pas
de déviation prismatique sensible.

Le prisme bleu affaiblissait d'autant plus le rayon
lumineux de l'étoile, que celui-ci traversait une plus
grande épaisseur, et en notant le point a de la
longueur AB (*fig. 4*) du prisme, où le rayon devenait
invisible, on avait un moyen de comparaison pour
les différentes intensités.

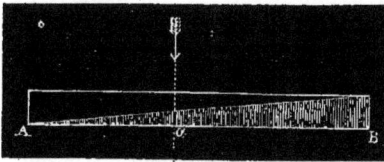

Fig. 4.

Un Allemand, M. Kayser, vient de reprendre l'idée
de M. de Maistre, idée qu'Arago ne supposait pas
praticable, et paraît avoir trouvé le moyen d'appliquer
ce petit appareil aux lunettes astronomiques. Dans une
note insérée au n° 1346 de la *Revue astronomique
allemande*, M. Kayser explique la théorie et l'usage
de cet instrument, qu'il adapte à une lunette, et c'est en
comptant l'*intervalle de temps écoulé depuis le passage*

de l'astre au fil méridien de la lunette, jusqu'au moment
où l'astre disparaît par l'opacité croissante du verre
bleu, qu'il obtient le rapport des *intensités.*

L'étude de la détermination des périodes des étoiles
variables offre un intérêt remarquable. Sans savoir
réellement à quelle cause est due ce phénomène
extraordinaire, n'est-il pas au moins excessivement
curieux que l'on puisse actuellement annoncer que tel
jour, à telle heure, une étoile qui brille d'un certain
éclat aura une intensité tellement faible qu'elle sera à
peine visible ?

Au point de vue philosophique, l'observation de ces
phénomènes, que des astronomes amateurs peuvent
suivre avec une lunette ordinaire, pourra peut-être
un jour confirmer l'hypothèse de Laplace sur la formation des mondes, en faisant découvrir que ces phénomènes sont dus à d'énormes nuages cosmiques cir-
culant autour de l'étoile, et qui sont des planètes, en
voie de formation, de ces soleils lointains.

Au point de vue physique, l'observation des étoiles
variables et de l'exacte détermination de leurs phases
pourra conduire à la solution de deux questions, dont
l'une est la détermination de la limite que ne peut dé-
passer la densité de l'éther, si tant est qu'il existe ; et
dont l'autre est une nouvelle détermination de la vi-

tesse de la lumière. Cette vitesse s'obtiendra par la comparaison des deux époques d'une même phase d'une étoile variable, située dans le plan de l'écliptique et considérée lorsque la Terre se trouve le plus rapprochée et ensuite le plus éloignée de l'étoile.

Les Nébuleuses variables.

Depuis les grands travaux de Williams Herschell, il est généralement admis que l'immensité est peuplée d'amas d'étoiles et d'amas de matière diffuse et lumineuse situés à certaines distances les uns des autres.

Un de ces amas stellaires est le nôtre, dans lequel gravite notre Soleil, qui n'est autre chose qu'une des étoiles de cette prodigieuse réunion de soleils, et dont la Voie lactée représente les limites extrêmes de cette agglomération d'astres.

La plus grande étendue de l'espace occupé par notre amas stellaire, qui a, à peu près, la forme d'une meule, est telle que la lumière ne peut mettre moins de 3,000 ans à la parcourir.

Les autres amas stellaires de l'espace, ou les amas de matière diffuse et lumineuse sont à des distances de nous si effrayantes, qu'elles ne paraissent dans les

lunettes que comme des petites taches blanchâtres.
Dans quelques-unes de ces taches on distingue une
réunion immense d'étoiles lorsqu'on emploie de très-
forts grossissements. Ces taches blanches prennent,
comme on le sait, le nom de nébuleuses.

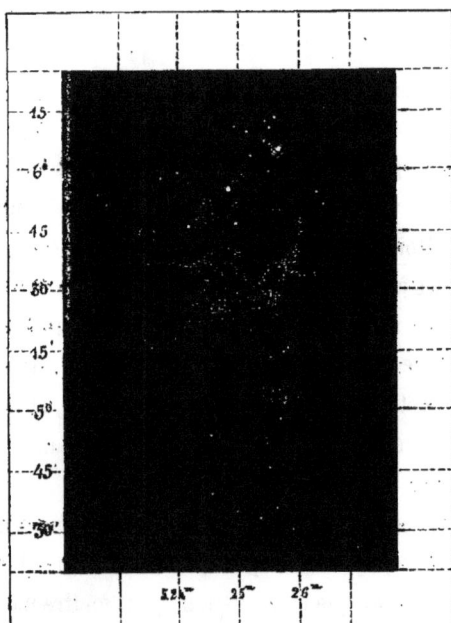

Fig. 5.

La fig. 5 représente la nébuleuse d'Orion, d'après un
dessin fait par M. Tempel, qui, grâce à son excellente

vue et à son talent en dessin, n'a eu besoin pour
faire ce croquis que d'un réfracteur de quatre pouces
d'ouverture et n'ayant qu'un grossissement de 24 à
40 fois.

Par un calcul facile et basé sur des hypothèses assez
naturelles, on trouve que la lumière de certaines de
ces nébuleuses doit mettre plus d'un *million* d'années
à nous parvenir. Il y a donc plus d'un million d'années
qu'elles existent ; depuis quand donc l'œuvre de Dieu
est-elle commencée?...

Les nébuleuses conservent jusqu'à présent les mêmes
positions apparentes dans la voûte céleste ; elles sont
cataloguées et signalées à des lieux qui restent toujours les mêmes, ou du moins qui ne sont soumis
qu'aux changements dus à la *précession*, à la *nutation*
et à l'*aberration*.

L'année 1862 vient d'enregistrer des faits astronomiques relatifs aux nébuleuses et qui n'avaient
pas encore été constatés d'une manière certaine.

Le 11 octobre 1862, M. Hind avait découvert une nébuleuse dans la constellation du *Taureau*, très-près
d'une étoile de *dixième* grandeur, qu'elle précédait de
deux secondes seulement au passage au fil méridien.

L'étoile et la nébuleuse ont été observées en 1855 et
1856 par M. d'Arrest, qui, ayant cherché vainement

cette dernière depuis, avait annoncé que la nébuleuse avait disparu.

Bien qu'elle ne soit pas marquée sur les cartes de M. Chacornac, dressées du commencement de 1856 à celui de 1858, et que sur ces cartes l'étoile voisine de la nébuleuse soit notée de 11e grandeur, cette nébuleuse était encore visible en janvier 1858; car à cette époque M. Auwers a pu l'observer, en constatant toutefois qu'elle avait perdu de son éclat. En janvier 1861 et en septembre, M. Auwers l'a vainement cherchée avec l'héliomètre de Kœnigsberg.

Au commencement de cette année, l'étoile était de 12e grandeur, et l'on considérait la nébuleuse comme disparue, quand on a appris que M. Otto Struve l'avait observée, le 22 mars, dans la grande lunette de Poulkowa; du reste, il a fait savoir que le 29 décembre 1861 elle avait été aussi aperçue à Poulkowa.

Cette nébuleuse, que l'on croyait perdue, paraît donc éprouver seulement des variations dans son intensité, et doit être simplement désignée sous le nom de *nébuleuse variable*.

La disparition d'une nébuleuse ne serait pas toutefois un fait complétement nouveau; car voici ce que dit Arago dans son *Astronomie*, tome Ier, p. 542, après avoir cité la disparition constatée, en 1810 et 1811, des

deux nébulosités qu'Herschell avait aperçues en 1774,
entourant, de part et d'autre, de la belle nébuleuse
d'Orion, deux autres petites étoiles. « La disparition
« constatée d'une nébulosité stellaire serait un phéno-
« mène très-extraordinaire et très-fécond ; aussi ai-je
« cru devoir examiner si les annales de la science
« n'offriraient point quelques faits analogues aux deux
« que Herschell a cités. Ma recherche n'a pas été, ce
« me semble, infructueuse. Lacaille, pendant son sé-
« jour au Cap, voyait dans la constellation d'Argo
« (310 Bod.) cinq petites étoiles au milieu d'une
« nébuleuse, dont M. Dunlop, avec de bien meil-
« leurs instruments n'apercevait point de traces
« en 1825. »

La nébuleuse de M. Hind n'est pas la seule qui pa-
raisse subir des changements dans son intensité.

Ainsi M. Jules Schmidt, directeur de l'Observatoire
d'Athènes, a aussi signalé qu'il n'aperçoit plus que sous
la forme d'une enveloppe vaporeuse très-ténue, dont
le noyau central a l'éclat d'une étoile de 13e grandeur,
la nébuleuse située dans la constellation du Lion, et
qui est indiquée dans la 6e feuille des cartes célestes
de Bonn.

M. d'Arrest annonce aussi qu'il vient de découvrir
dans la constellation du Taureau, à 8 ou 9° de la né-

4

buleuse variable de M. Hind, deux autres nébuleuses
dont l'éclat a tellement diminué que la première, découverte à Venise, en 1859, par M. Tempel, qui, à
cette époque, la vit très-distinctement, n'était plus visible en août, même avec la puissante lunette de l'Observatoire de Copenhague. Du reste, à la fin de 1860,
l'éclat de cette nébuleuse commençait déjà à s'affai-
blir, car MM. Peters et Pape, à cette époque, ne pouvaient l'observer qu'avec peine à Altona.

La seconde des nébuleuses variables, signalées par
M. d'Arrest, a été observée à Bonn et aussi à Cambridge
par M. Tuttle, au mois de février 1859; aujourd'hui
elle est à peine visible.

Cette *variabilité* des deux nébuleuses de M. d'Arrest
ne paraît pas démontrée à quelques astronomes qui
attribuent l'affaiblissement apparent de leur lumière
*à l'emploi d'objectifs puissants et de grossissements con-
sidérables*. L'effet de ces grands instruments est de diminuer l'intensité des lumières étendues et diffuses
comme celles des nébuleuses.

On peut se demander ce qu'on trouve d'étonnant de
découvrir des nébuleuses variables, puisqu'il y a des
étoiles variables.

Certes, si la nébuleuse observée est un amas de matière diffuse et lumineuse, il n'y a, en effet, rien d'ex-

traordinaire que le nuage lumineux éprouve des variations dans l'intensité de sa lumière.

Bien que le phénomène analogue, observé sur certaines étoiles, n'ait pas reçu, jusqu'à présent, d'expli-
cations suffisantes, on comprend parfaitement que ce
qui arrive à la lumière d'un soleil puisse aussi avoir
lieu pour la lumière d'une masse vaporeuse lumineuse
par elle-même.

Ce que l'on comprendrait moins, ce serait de voir le
phénomène se passer sur une nébuleuse non résoluble
par nos moyens optiques, mais considérée cependant
comme un amas stellaire; car, alors, il y aurait cer-
tainement quelque chose d'incompréhensible de voir
les milliers de soleils, dont se compose un amas
stellaire, éprouver simultanément une diminution dans
l'éclat de leur lumière.

Herschell, au commencement de ses découvertes relatives aux nébuleuses, pensait que toutes ces taches
blanches étaient résolubles, c'est-à-dire qu'avec une
lunette d'une puissance suffisante on devait y trouver
un amas stellaire. Plus tard, son opinion se modifia, et il
admit qu'outre les amas stellaires il y avait aussi, dans
l'espace, des nébuleuses qui n'étaient que de la matière
diffuse et lumineuse, devant peut-être, en se condensant
avec le temps, donner naissance à un amas stellaire.

La découverte des nébuleuses variables va peut-être fournir une confirmation à cette hypothèse d'Herschell, et la variabilité dans l'éclat des taches lumineuses du ciel sera alors un moyen de distinguer les amas de matière diffuse et lumineuse des autres nébuleuses *non résolubles*, mais dont l'éclat reste constant, et qui devront par suite être considérées comme des amas stellaires à des distances si considérables de nous, que les plus puissantes lunettes du globe ne peuvent les apercevoir que sous la forme d'une petite table blanche.

A l'occasion des nébuleuses dont l'étude et la contemplation sont faites pour inspirer à l'homme des sentiments d'admiration sur la splendeur inouïe de la création, je crois devoir rapporter la description donnée par M. Lassel de la nébuleuse planétaire le *Verseau*, déjà décrite par le père Secchi, dans les *Mémoires de l'Observatoire du Collège romain*, mais avec moins de détails que n'en a donnés l'astronome anglais.

On sait que l'on désigne sous le nom de *nébuleuses planétaires* celles qui par leur forme *circulaire* ou *elliptique* ressemblent aux planètes de notre système. Herschell considérait les nébuleuses planétaires comme une condensation déjà avancée de la matière diffuse.

En employant un grossissement de 1,480 fois, et en observant dans des conditions extrêmement favorables,

comme cela doit souvent arriver sous le beau ciel de
Malte, M. Lassel a découvert à l'intérieur de la nébuleuse du Verseau un anneau elliptique, brillant, très-
net, et ne paraissant nullement adhérent à la nébulosité environnante, dont la forme est aussi elliptique et
la coloration *bleu clair*.

La largeur ou épaisseur de l'anneau brillant est la
même dans toute son étendue, ce qui indique qu'on le
voit *perpendiculairement* s'il est *elliptique*, ou en rac-
courci s'il est *circulaire*.

Par des mesures réitérées, M. Lassel a trouvé 26′ de
longueur et 17′ de largeur à l'anneau lumineux qui est
incliné de 13° sur le parallèle de déclinaison de la nébuleuse.

L'astronome anglais a aussi remarqué que l'anneau
brillant, qui lui faisait l'effet d'une réunion compacte
de brillantes étoiles, comme la Voie lactée, avait un
éclat lumineux plus considérable dans le S.-O. que
dans les autres parties.

DEUXIÈME PARTIE.

Les nouvelles Comètes.

Si l'on pouvait se transporter dans l'espace à une petite distance de la route que suit notre globe entraîné vers des régions inconnues par le mouvement du Soleil, autour duquel il décrit annuellement son immense ellipse ; si, sur cette grande route de l'éternité on pouvait se maintenir immobile en s'affranchissant du mouvement que la Terre nous a communiqué, ce serait une chose bien digne de réflexions philosophiques que de voir, à un moment donné, cette grosse boule qu'on nomme la Terre, passer devant soi avec une vitesse prodigieuse, emportant avec elle cette fourmilière d'individus de toutes sortes qui couvrent sa surface.

Quel sujet de compassion et de méditations que la vue de tous ces êtres s'agitant dans tous les sens, se battant, se déchirant, souffrant, riant, pleurant, naissant,

mourant, etc. : Les uns dans une obscurité presque
complète, d'autres inondés de la lumière du Soleil ;
ceux-ci étouffant de chaleur, ceux-là tremblant de froid !
Certes en entendant ces cris confus, les rires, les sou-
pirs et les gémissements de tous ces êtres emportés
ainsi dans l'espace comme un tourbillon qui passe, on
serait tenté de demander à Dieu : Seigneur, où donc
les conduisez-vous ? Eh bien, ce qui surprendrait sans
doute le plus celui qui pourrait contempler ainsi la
Terre à une certaine distance, ce serait de voir, au
milieu de toutes ces fourmilières humaines en si grande
agitation, quelques individus, comme s'ils étaient char-
gés de veiller à la route que parcourt notre globe,
regarder à l'extrémité d'un long tube dirigé vers le
ciel, et explorer tranquillement l'espace que traverse
notre grand convoi planétaire, en signalant à la foule
les changements ou les nouveautés qui surgissent à l'horizon de cet océan sans limite !

En raison de la concurrence que se font actuellement
les astronomes des différents points du globe, et de
l'exploration attentive à laquelle sont soumises à toute
heure les régions célestes, il arrive qu'un astronome
croit quelquefois avoir fait une découverte, quand il
apprend plus tard que l'astre qu'il a signalé a déjà été
aperçu dans la lunette d'un autre observateur.

Le 8 janvier 1862, M. Winnecke, par exemple, a découvert, à l'Observatoire de Poulkowa, une comète télescopique, c'est-à-dire si petite qu'elle ne paraissait
dans la lunette de l'astronome de Saint-Pétersbourg
que comme une tache lumineuse.

Cette petite tache se trouvait dans la constellation
du Bouvier, quand, en raison de son mouvement, on
l'a reconnue pour une comète.

On l'a d'abord considérée comme la première de
1862; mais les observations russes n'étaient même pas
encore publiées que M. Péters d'Altona recevait de
M. Bond, des États-Unis, des observations et les éléments
paraboliques de ce nouvel astre, qui a été vu en Amérique, le 29 décembre 1861, par M. Tuttle.

Cette comète, qui n'a pas, du reste, été visible à l'œil
nu, est donc la troisième de 1861 et non pas la première de 1862.

Les éléments ont été calculés par plusieurs astronomes, et entre autres par MM. Winnecke et Bond. —
Ceux de M. Winnecke, basés sur trois observations prises
à un jour de distance, n'ont pas une grande exactitude
et ne s'accordent pas suffisamment avec ceux des autres
calculateurs.

D'après ceux trouvés par M. Pape, d'Altona, l'inclinaison du plan de son orbite sur celui de l'écliptique

est de 41° 57′, et la distance minimum du Soleil à laquelle elle a passé, c'est-à-dire *sa distance périhélie*, est égale aux 84 centièmes environ de notre distance moyenne au Soleil, par conséquent égale à environ 32 millions de lieues. Les éléments de cet astre, dont le mouvement est *rétrograde*, ne s'accordent avec aucun de ceux des comètes dont les éléments sont enregistrés ; c'est donc un astre nouveau.

A propos de l'Observatoire de Poulkowa, nous devons signaler que le 1er mai de cette année on voyait encore dans la grande lunette de cet établissement astronomique la belle comète qui a été inopinément aperçue l'année dernière vers le 30 juin. Cela fait donc près d'une année que cette comète est restée visible.

Le fait que je viens de relater est d'autant plus remarquable que vers la fin de mai, à Saint-Pétersbourg, on peut lire à minuit dans une chambre exposée au nord, et cela en raison de l'intensité du crépuscule qui existe à cette époque de l'année.

La latitude de Saint-Pétersbourg est en effet de 59° 56′ nord ; or, vers la fin de mai, la déclinaison du Soleil atteint près de 22° nord ; le Soleil ne descend donc pas, à cette époque, au-dessous de l'horizon de la capitale de la Russie de plus de 8° environ, or on sait que ce n'est que lorsque le Soleil est abaissé de

18° au-dessous de l'horizon d'un lieu que le crépuscule
finit. Le 1ᵉʳ mai à minuit il n'y a pas nuit close à Saint-
Pétersbourg, puisque à cette époque, le Soleil ne descend au-dessous de l'horizon de ce lieu que de 16°.

La Comète I de 1862.

La première comète de cette année a été découverte
à Athènes par M. J. Schmidt, le 2 juillet. Ce même
jour, M. Tempel, à Marseille, l'a aussi aperçue ; elle
était à ce moment près de β de Cassiopée.

Dans la soirée du 3 juillet, M. Bond à Cambridge
(Etats-Unis) et M. Simons à l'observatoire *Dudley* à
Albany, ont aussi découvert l'astre qui paraissait comme
une nébuleuse condensée en son centre et dont l'enveloppe s'étendait également de tous côtés.

M. Schmidt en a déterminé différentes positions les
2, 3 et 4 juillet; le mouvement de l'astre était si rapide
que, dans l'espace de 2ʰ 20ᵐ environ, la comète a
changé en déclinaison de 1° 3′. Dans l'espace de deux
jours l'astre rapide a changé, sur la voûte céleste, de
13° 20′ en distance au pôle et de 109° en ascension
droite. Aussi la comète n'a pas tardé à changer d'hémisphère.

La rapidité de son mouvement venait de sa proximité de la Terre et aussi de ce que le mouvement de l'astre dans l'espace avait lieu *en sens contraire* de celui que notre globe possédait à cette époque; la *vitesse relative* de la comète se composait donc de sa vitesse propre et de la vitesse de la Terre.

Le 4 juillet, époque à laquelle l'astre chevelu a été à une distance de nous inférieure à 4 millions de lieues, c'est-à-dire au *dixième* environ de notre distance au Soleil, sa *vitesse relative* dans l'espace était de 18 lieues et demie par seconde. Vers le 7 août elle a traversé le plan de notre équateur pour passer dans l'hémisphère austral.

Cinq ou six calculateurs ont déterminé les éléments de son orbite. D'après ceux publiés par M. Edmond Weiss de Vienne, son inclinaison sur le plan de l'orbite terrestre n'est que de 8° 14'; sa distance périhélie est environ les 98 centièmes de notre distance moyenne au soleil, elle a dû passer à cette distance minimum vers le 22 juillet à 13^h temps moyen de Greenwich, son mouvement est *rétrograde*. Vers le 5 juin, la comète s'est trouvée à une distance d'un point de notre orbite égale à trois cent mille lieues, c'est-à-dire à environ trois fois notre distance à la Lune; la Terre n'est arrivée à ce point de notre orbite que vers le 15 août.

Les éléments de la comète I de cette année n'ont aucune analogie avec ceux des comètes antérieurement parues.

C'est vers le 4 juillet que son éclat a été maximum. A travers la nébulosité qui embrassait 20 à 25 minutes d'étendue, c'est-à-dire les trois-quarts du diamètre solaire, M. Schmidt apercevait distinctement un grand nombre d'étoiles de la Voie lactée.

Le 7 juillet, à 11^h 8^m d'Athènes, l'astre nébuleux a passé sur une étoile de cinquième grandeur; mais au lieu de cacher l'étoile, c'est la nébulosité de la comète qui, au contraire, a été invisible pendant quelque temps, parce qu'elle s'est trouvée comme noyée dans les rayons brillants de l'étoile, qui n'était, à ce moment, distante du noyau cométaire que d'environ 11 secondes.

La Comète II de 1862.

Les personnes qui se plaignent habituellement que les astronomes ne les préviennent pas quand une comète doit paraître, ne pourront pas leur faire ce reproche pour celle qui s'est montrée l'été dernier, visible à l'œil nu.

L'astre voyageur a été signalé le 18 juillet dernier, en Amérique, par M. Tuttle qui l'a aperçu un peu

après 10 heures du soir, dans la lunette de l'observatoire
de Cambridge. — Le 22 juillet, MM. Antonio Pacinotti
et Carlo Toussaint l'ont découvert dans leur télescope de
Florence. La comète, à ce moment, et vue avec un fort
grossissement, présentait une nébulosité bien distincte.

Le 28 du même mois, le Père Secchi informait
M. Peters que son collègue, le Père Rosa, venait de
découvrir une comète dans la constellation de la *Gi-
rafe*. C'était la comète des astronomes florentins ou
plutôt celle de M. Tuttle. Ainsi MM. Pacinotti et Toussaint, et le Père Rosa, ont eu le déboire d'apprendre
plus tard qu'ils n'avaient pas les premiers aperçu l'astre chevelu, et que le nouveau monde l'emportait dans
ce cas sur l'ancien.

Avec le grand réfracteur du collège romain, la comète
se montrait à cette époque avec une nébulosité de 3 à 4′
de diamètre, presque circulaire, plus dilatée du côté
du Soleil et avec un point central bien défini qu'on
pouvait observer avec précision. — La lumière paraissait croître, et le 27 juillet il semblait y avoir une partie
plus dense de la nébulosité qui, partant du noyau, se
dirigeait vers le Soleil. — La comète n'avait pas de
queue, et son mouvement était très-lent.

Le 24, M. Schiaparelli a observé l'astre à l'Observatoire de Milan.

5

Le 27 juillet, il a été observé, à Copenhague, par
M. d'Arrest et par M. Schjellerup; le 31 juillet on a eu
des observations à l'Observatoire de Leipzig, et ensuite
des positions en ont été obtenues dans un grand nombre d'observatoires.

Ainsi, avant que le public ait été appelé à la considérer, la comète avait déjà, cette fois, été signalée
par un grand nombre d'observateurs; on ne pourra
donc pas dire que les vigies astronomiques dormaient.

Plusieurs calculateurs ont déterminé les éléments de
la parabole que cet astre décrit dans l'espace. L'inclinaison est assez considérable puisqu'elle est de 66° 3' 4'',
d'après les éléments donnés par M. Schjellerup. La
distance périhélie est peu inférieure à notre distance
moyenne du Soleil, c'est-à-dire que la comète à sa
plus petite distance de cet astre en était encore à
36,700,000 lieues. C'est vers le 23 août qu'elle s'est
trouvée à cette distance perihélie.

Le 3 août, elle était à sa distance minimum de la
Terre, distance qui est de treize à quatorze millions de
lieues; l'éclat du noyau était à ce moment semblable à
celui d'une étoile de deuxième grandeur.

Le 13 septembre, la comète a passé à son nœud des-
cendant, c'est-à-dire qu'elle a traversé le plan de l'orbite terrestre pour passer dans l'hémisphère sud. Au

moment de ce passage, sa distance au point le plus
près de la courbe que décrit la Terre était de sept
millions de lieues environ. Notre globe a passé à ce
point le 9 août; mais le 13 septembre, la comète était
déjà éloignée de nous de la moitié de notre distance au
Soleil, c'est-à-dire de dix-neuf millions de lieues environ; ainsi, dans l'espace de treize jours, la comète
s'était éloignée de nous de cinq à six millions de lieues;
la distance de ces deux corps célestes variait donc, à
ce moment, de cinq lieues environ par seconde.

Quelques personnes ont voulu voir une certaine analogie entre les éléments de la comète II de cette année,
et ceux d'une comète observée en 770. Comme cette dernière, la comète visible à l'œil nu l'été dernier a bien un
mouvement rétrograde, et l'inclinaison du plan de son
orbite sur le plan de l'écliptique considéré comme fixe
est à 4 ou 5° près la même.

Mais il est bon de faire remarquer que la distance
périhélie de la comète de 770 n'est que les 64 centièmes du rayon de l'orbite terrestre, tandis que la distance périhélie de la comète, dont nous nous occupons,
est les 97 centièmes environ de ce même rayon; la comète de juillet a donc passé à une distance du Soleil
plus grande de onze millions de lieues, que celle à laquelle a passé la comète de 770.

Du reste, on peut encore remarquer que les directions des deux paraboles sont situées d'une manière
très-différente dans l'espace, puisque les longitudes des
nœuds diffèrent de près de 46°, et que les axes des deux
paraboles forment un angle voisin de 13°.

Malgré l'action perturbatrice que peuvent exercer sur
la marche des comètes les planètes connues de notre
système, ainsi que celles qui doivent se trouver au delà
de Neptune , on ne peut sérieusement supposer que la
comète de 770 et celle de juillet 1862 n'en forment
qu'une.

M. Stampfer, de Vienne, a trouvé que les observations faites sur cette dernière comète répondent assez
bien à une orbite elliptique.

Avec les observations effectuées du 24 juillet au
15 août, l'astronome viennois a trouvé pour orbite de
cet astre une ellipse dont les quatre éléments com-
muns s'accordent complétement avec ceux paraboliques;
la comète parcourrait cette ellipse dans 113 ans 1/2 ;
on eût donc dû voir cet astre vers 1749.

Les annales astronomiques n'en font aucune mention. Il est, du reste, certain que plusieurs ellipses
ayant une forme un peu différente de celle de M. Stampfer, dans laquelle l'excentricité est 0,95, satisferaient
aux observations faites sur la comète ; et une légère

différence dans l'*excentricité* avec une distance *périhélie constante* produit des temps de révolution fort différents.

A l'appui de cette assertion, nous devons signaler qu'un autre calculateur, M. Scheumann, de Saint-Pétersbourg, trouve une orbite elliptique satisfaisant aussi bien aux observations des mois de juillet et août. Cette orbite a, à très-peu près, les mêmes éléments, longitude de périhélie, longitude de nœud, distance périhélie, époque du passage que l'orbite elliptique de M. Stampfer, et que les orbites paraboliques des autres calculateurs; mais, dans l'orbite elliptique de M. Scheumann, l'excentricité au lieu d'être de 0,95, comme dans celle de M. Stampfer, est de 0,98. Ce petit changement, dans les centièmes seulement de l'excentricité, produit une différence énorme dans le temps de révolution; aussi M. Scheumann trouve 426 ans, 7 pour ce temps, au lieu de 113,5 donné par l'orbite de M. Stampfer. Rien n'indique encore, qu'en 1436 une comète semblable, quant à ses éléments, à celle de cette année ait été observée. Une autre orbite elliptique a encore été calculée par M. Théodore Oppolzer, de Vienne; il a trouvé pour excentricité 0,98, et 123 ans 4 dixièmes pour temps de révolution.

Le phénomène caractéristique de la comète II, dit le Père Secchi, a été la formation de jets de lumière in-

termittents et à dispositions alternantes. Le 28 juillet,
le noyau était rond, d'un diamètre égal à 8″ et sans
aigrette. Les aigrettes ne commencèrent à se développer
que fort avant dans la nuit ; et c'est dans les premiers
jours d'août que les jets lumineux se sont montrés.

Le 12 août le Père Secchi écrivait à M. Peters, d'Altona :

« Les apparences physiques sont déjà assez intéres-
« santes. Ayant pris l'angle de position des jets lumi-
« neux dans les différentes soirées, j'ai été surpris d'y
« trouver une variabilité énorme de plus de 40°. Hier
« soir cependant s'est manifesté un phénomène qui a
« expliqué cette variabilité. Nous avons vu clairement
« qu'il y avait réellement un double jet, l'un rectiligne
« dans la direction de 163°, l'autre plus faible à 190° ;
« le premier était diffus dans un grand panache de
« nébulosité prolongée en ligne courbe, et séparée de
« l'autre par un intervalle plus obscur ; ces deux jets
« se montraient alternativement plus ou moins bril-
« lants. Ceux-là sont sans doute les rudiments de ces
« queues rebroussées qui vont paraître dans la co-
« mète. »

Ainsi, d'après le Père Secchi, la position des jets lumineux qu'émettait la comète variait constamment. Ces
résultats sont du reste confirmés par d'autres observa-

teurs, et entre autres par M. Schwabe, de Dessau, qui
a donné seize dessins des différents aspects de l'astre
chevelu.

Fig. 6.

La fig. 6 représente l'aspect de la comète H de 1862,
le 27 août, d'après les dessins de M. Schwabe.

Il s'est donc passé, sur la comète II des phénomènes

analogues à ceux qui se sont passés sur la comète II
de 1861 ; c'est-à-dire que l'aspect de l'astre changeait
rapidement en quelques heures, et que, du noyau de
la comète, s'élançaient, à des intervalles inégaux, des
jets énormes de matière lumineuse semblables aux souf-
fles de vapeur des locomotives.

Dans notre Revue astronomique de 1861, nous avons
dit que M. Schmidt a trouvé que la vitesse avec laquelle
cette matière lumineuse sort du noyau est environ de
535 mètres par seconde.

Du 1er au 13 août, la comète de cette année montrait
un panache de lumière que l'on voyait un jour à droite,
et le lendemain à gauche, à 40° de distance.

Le 18, il sortait du noyau, dans une direction de 270°,
un panache de 3′ de longueur ; dans l'intervalle de
deux heures environ, ce panache s'était établi au sommet, en se recourbant à droite et à gauche, de manière à former un éventail d'environ 30°.

Cette émanation faisait avec l'axe de la queue un
angle de 110°, ce qui semble confirmer une remarque
du Père Secchi, que les aigrettes se forment quelquefois
en un point latéral.

Ainsi, les observations faites sur la comète constatent
que les différences observées dans les jets lumineux
partant du noyau n'étaient pas dues au même jet, pre-

nant des positions variables, mais bien à des jets nouveaux, ayant généralement une différence essentielle
entre les deux parties qui le constituaient. La plus
voisine du noyau brillait en effet comme une flamme,
et sa lumière n'était pas polarisée, c'est-à-dire que la
double image de cette flamme vue à l'aide de la lunette polariscope n'avait aucune coloration sensible,
tandis que l'autre, qui avait l'aspect de fumée, émettait une lumière fortement polarisée, accusée par la
vive coloration de ses deux images.

Une phase curieuse de la comète est celle du 28 août,
phase signalée par le Père Secchi, et indiquée aussi
dans les dessins de M. Schwabe, et dans laquelle le jet
de fumée reste tout à fait détaché du noyau comme
si on eût soufflé sur la flamme.

Voici ce que dit M. Schwabe, sur cet aspect de la comète, le 28 août :

« La tête était extraordinairement claire, particu-
« lièrement à gauche ; du noyau très-éclatant et al-
« longé, presque en forme de houlette, s'échappaient du
« côté gauche deux forts courants de lumière, le plus
« bas venant du centre du noyau, et le plus haut sor-
« tant du sommet. La partie obscure manquait, la
« queue était mal terminée, cependant un peu mieux et
« plus claire à droite qu'à gauche. »

D'après les observations et les expériences citées par Arago, dans son Astronomie populaire, on est donc porté à croire que la partie brillante du jet est réellement incandescente, c'est-à-dire une véritable substance gazeuse, ayant une lumière propre, tandis que l'autre serait à l'état de gaz non enflammé.

La science ne peut encore expliquer ces phénomènes, et les diverses théories exposées sur la formation des aigrettes, des nébulosités et des queues cométaires viendront encore se heurter à cette remarque nouvelle de ces jets de *flamme* et de fumée, qui, sous une impulsion, que l'on ne peut encore nettement formuler, s'élancent du noyau cométaire dans différentes directions, en formant ces immenses secteurs lumineux, si subitement détruits, si promptement renouvelés, et qui, pour la comète de Halley, par exemple, en 1835, n'avaient pas moins de deux cent mille lieues d'étendue.

Comète de Brorsen.

On n'a pas encore de nouvelles de la comète périodique de Brorsen, dont les éphémérides de cette année ont été calculées par M. Hind.

Cette comète a été découverte en 1846. A cette époque le docteur Galen reconnut l'ellipticité de l'orbite et en calcula les éléments. Il trouva cinq ans et neuf mois pour temps de révolution, et assigna le 10 novembre 1851 pour époque de son retour au périhélie.

Suivant cet astronome, le maximum d'éclat devait avoir lieu entre le 20 et le 30 octobre 1851.

L'astre ne fut pourtant pas aperçu à cette époque, parce que le passage au périhélie eut lieu vers le 27 septembre; la comète devait être observable avant le lever du Soleil, c'est ce qui est sans doute cause que, malgré l'erreur dans le retour au périhélie, les astronomes ne l'ont pas vue.

En 1857, le 18 mars, M. Bruhns découvrit une comète, la seconde de l'année. Un jeune astronome, M. Pape, qu'une mort prématurée vient de ravir à la science, parvint à démontrer l'identité de la comète du 18 mars 1857 avec celle de M. Brorsen. Les éléments furent calculés avec approximation, et l'on a déterminé que la comète avait pour durée de révolution 5 ans 547 millièmes; qu'elle s'éloignait du Soleil à une distance un peu plus grande que le rayon de l'orbite de Jupiter, et qu'elle s'approchait du Soleil jusqu'à une distance inférieure au rayon de l'orbite de Vénus, d'un dixième environ de notre distance au Soleil. Il n'y a pas, dans les comètes observées avant 1846, d'astres de ce genre, ayant des éléments identiques avec ceux de la comète de Brorsen.

Arago cite cependant celles de 1532 et de 1661, comme présentant avec cet astre quelque analogie. Nous devons toutefois faire remarquer que l'inclinaison de l'orbite de la comète de Brorsen est de 29° 49′, la longitude du périhélie de 111° 44′, et sa longitude du nœud, de 101°,44′, tandis que l'inclinaison de la comète de 1532 est de 42° 27′, la longitude du périhélie de 135° 44′, et la longitude du nœud de 119° 08′; pour la comète de 1661 on a 33° 01′ pour inclinaison de l'orbite, 115° 16′ pour longitude du périhélie, et 81° 54′ pour longitude du nœud.

Pour que ces trois comètes n'en formassent qu'une, il faudrait donc que, par l'effet des perturbations planétaires, l'inclinaison eût diminué de 9° 26′ de 1532 à 1661, et seulement de 3° 12 de 1661 à 1862; que la longitude du périhélie eût varié de 20° 28′ de 1532 à 1661, et pas du tout ou à peu près de 1661 à 1862; et enfin que la longitude du nœud eût diminué de 37° 14′ de 1532 à 1661, et seulement de 29° 50′ de 1661 à 1862.

Il est donc probable que ces comètes sont des astres différents, et, à l'appui de cette opinion, il est bon d'ajouter encore que la distance de périhélie de la comète de 1661 n'est que les deux tiers environ de celle de la comète de Brorsen.

A l'apparition de cette année, cette comète n'était pas visible sous nos latitudes ; le 29 août elle devait se trouver dans la constellation d'Orion. Si l'apparition est constatée, ce sera une comète périodique, définitivement acquise à la science, et à ajouter à celles qui font réellement partie de notre système solaire[*].

M. Vinnecke a publié, dans le nº 1397 des *Astronomische Nachrichten*, ses observations de la comète de Brorsen, en 1857, pour éclairer les observateurs qui s'occupent de l'accélération des comètes à courtes périodes, analogue à celles observées sur les comètes de Faye et de Encke.

Comète III de 1862.

La troisième comète de 1862 a été aperçue le 28 novembre par M. Respighi, à l'observatoire de Bologne. Elle se trouvait dans la constellation de la Vierge. M. Bruhns, en la découvrant, le 2 décembre, dans la lunette de l'observatoire de Leipzig, a cru être le pre-

[*] La comète a été observée à Vionne, par M. Edmond Weiss, le 22 décembre dernier.

6

mier à l'apercevoir. Le même jour elle était aussi
observée à Berlin, et peu de temps après à Altona.

Lorsque l'astre a été aperçu le 28 novembre par
M. Respighi, il avait l'aspect d'une petite nébuleuse
condensée vers son centre, sans cependant présenter
trace de noyau. Le diamètre mesurait 3' environ.

Les éléments de l'orbite, calculés par l'astronome
italien, donnent, le 27 décembre, 88 centièmes de jour
pour époque du passage au périhélie; 125° 15' 49" pour
longitude du périhélie; 355° 31' 33" pour longitude du
nœud, 41° 58' 15" pour inclinaison de l'orbite, et 0,8011
pour distance périhélie. Son mouvement est *rétrograde*.

Il n'y a aucune orbite des comètes antérieurement
observées qui ait de l'analogie avec cette dernière comète. Cet astre a traversé le plan de l'écliptique pour
passer dans l'hémisphère *sud*, le jour même où M. Respighi le découvrait, c'est-à-dire le 28 novembre. La
comète n'est plus visible en Europe, et les observatoires des latitudes méridionales pourront seuls en obtenir des observations.

Le 1er janvier elle a été à son maximum d'éclat;
depuis cette époque, cet éclat va en diminuant; aussi
cette comète aura passé inaperçue pour le public.
Comme elle revient actuellement vers l'équateur, les
astronomes européens pourront sans doute en obtenir

des observations vers le mois de février, mais à cette
époque son éclat sera très-faible ; le 28 janvier 1863,
il n'était pas supérieur à celui qu'elle avait au moment
où on l'a aperçue.

Comète I de 1863.

La veille du jour où M. Bruhns a observé la comète
de M. Respighi, il avait déjà découvert une première
comète qui se trouvait dans le *sextant* d'*Uranie*. Elle a
été observée à Berlin le 2 décembre, et à Paris le 16.

Au moment de sa découverte, cet astre avait l'aspect
d'une nébulosité diffuse de 2′ de diamètre. Vers le 16,
le noyau se voyait distinctement comme une étoile de
onzième grandeur. Les éléments de l'orbite calculés
par M. Engelmann donnent le 1er février 1863 pour
époque du passage de l'astre au périhélie ; c'est pour
cette raison qu'elle est enregistrée comme *Comète 1*
de 1863, et non comme comète IV de 1862.

La longitude du périhélie est de 34° 18′, la longitude
du nœud de 114° 31′, l'inclinaison de l'orbite est considérable, de 86° 59′, enfin, la distance périhélie est
de 0,70997.

Son mouvement est *rétrograde*.

Elle a traversé le plan de l'écliptique pour passer de l'hémisphère sud dans l'hémisphère nord, du 12 au 13 décembre. Comme pour la comète III de 1862, son éclat a été maximum le 1er janvier; il était à peu près égal à sept fois celui qu'elle avait au moment de son apparition.

Le 28 de ce mois, elle se trouvait dans la constellation du *Renard* et l'*Oie;* mais son éclat était très-faible et juste égal à celui de l'époque de sa découverte. La comète I de 1863 ne pourra donc être visible que pour les astronomes.

Pour terminer ce qui est relatif aux comètes, à ces astres mystérieux sur la nature et l'origine desquels on n'a encore aucune donnée certaine, nous croyons intéressant de faire connaître la question qui a été posée au monde savant par l'université de Christiana; cette question est la suivante :

« En admettant que les comètes n'appartiennent pas, « dès l'origine, au système solaire; il serait intéres-« sant de savoir si la direction moyenne de leur mou-« vement, avant d'atteindre la sphère d'attraction du « Soleil, est différente du mouvement propre de cet « astre. Il faut examiner si quelque direction de mou-« vement prédominant peut être déduite, avec quelque

« vraisemblance, de la situation réciproque des orbites
« connues jusqu'à présent. ».

M. Mohn a trouvé que la direction générale du mouvement des comètes, vues du Soleil, est indiquée par
un grand cercle dont il a déterminé de trois manières
la position du pôle : d'abord par 173 comètes, ensuite
par 73 comètes directes, et enfin par 79 comètes rétro-
grades ; ses déterminations lui ont donné :

Pour longitude.		Pour latitude.
1° 2° 18′ ± 2° 38′	et	79° 44′ ± 2° 23′
2° 0° 52′ ± 4° 32′	—	79° 52′ ± 2° 49′
3° 3° 12′ ± 4° 00′	—	79° 37′ ± 3° 03′

M. Mohn trouve ensuite que la distance probable du
pôle d'une orbite cométaire, par rapport à ce point de
la voûte céleste, est de 20° 5′, et ensuite que les traces
de la moitié des orbites paraboliques connues sont
comprises dans une zone de la sphère céleste ayant
40° 10′ de largeur environ, et coupée en deux par le
grand cercle moyen.

La direction du plan de ce grand cercle, dit M. Mohn,
fait un angle de près de 90° avec la direction du mouvement de notre système solaire dans l'espace.

Le résultat de M. Mohn ne jette pas, suivant nous,
beaucoup de jour sur la question des comètes, et le

problème posé par l'université de Christiania ne me
paraît pas complétement résolu.

Nous ne voyons pas, en effet, que pour les orbites
cométaires, M. Mohn ait déterminé une direction pré-
dominante dans la partie de la parabole que parcourt
chaque comète à toute distance du Soleil, lorsqu'elle se
dirige vers cet astre.

Du reste, quand on voit les énormes perturbations
que les planètes connues de notre système font éprouver aux éléments cométaires, peut-on penser sérieusement à déduire, *des orbites observées,* une direction de
mouvement étrangère , pour ainsi dire, à l'action de
notre Soleil, en tant que l'on suppose que les comètes
n'appartiennent pas, dès l'origine, à notre système solaire.

Les nouvelles planètes télescopiques.

Notre système planétaire vient encore de s'enrichir,
cette année, de six nouveaux astéroïdes, ce qui porte
à 77 le nombre des petites planètes dont les orbites
sont situées entre Mars et Jupiter.

Le 72ᵉ a été découvert par M. Péters, de Hamilton-
Collége, le 9 juin 1861 , en croyant observer la pla-

nète Maïa, la 66ᵉ du groupe. Cet astéroïde devrait donc,
à la rigueur, compter pour l'année 1861, et non pour
l'année 1862 ; mais, comme les astronomes américains
ne se sont aperçus que tard de cette découverte, qu'ils
n'ont fait connaître qu'en février 1862, cet astéroïde
ne sera compté que comme le 72ᵉ, bien que les astronomes d'Hamilton-Collège veuillent lui donner le n° 71
pour numéro d'ordre.

M. Safford examinait, à Washington, les observations de Maïa, faites par M. Péters les 9, 11, 12,
29 mai, 7 et 13 juin, lorsqu'en les comparant aux positions déduites des éphémérides calculées par M. Asaph
Hall, il s'aperçut que les positions observées les 9, 11
et 12 mai s'accordaient assez bien avec celles calculées,
tandis que les suivantes en différaient notablement ;
pour l'observation du 13 juin, par exemple, il y avait,
en ascension droite, une différence de 48′,2. M. Safford
n'hésita pas à en conclure que, le mauvais temps ayant
empêché M. Péters de continuer ses observations du
12 au 29 mai, cet astronome avait observé, à cette
dernière époque, ainsi que les 7 et 13 juin, un astre
nouveau, croyant toujours observer Maïa.

Les éléments de l'orbite du 72ᵉ astéroïde, qui a été
observé si près de Maïa qu'on a pu prendre l'un pour
l'autre, ont été d'abord calculés par M. Safford,

d'après les observations du 29 mai, du 7 et du 13 juin.
Ces éléments donnaient à la planète 72 le plus grand
moyen mouvement de tous les astéroïdes connus, le
temps de révolution le plus court et par conséquent la
plus petite *distance moyenne* au soleil; elle devait donc
prendre le *premier rang* dans l'Annuaire du bureau
des longitudes.

M. Safford a donné à cet astéroïde le nom de *Féro-*
nia, divinité romaine qui avait pour principale attri-
bution la garde des frontières et des champs. — L'astronome américain en donnant ce nom a-t-il pensé
que la planète Féronia est à la frontière intérieure de
la zone des astéroïdes qui gravitent entre Mars et
Jupiter, c'est-à-dire qu'on n'en trouvera pas d'autres
plus voisins du Soleil.

Depuis les observations de M. Péters jusqu'au 14 octobre 1862, la planète trouvée d'une manière si inat-
tendue n'avait été vue par aucun astronome. M. Safford
en avait calculé trois sortes d'éphémérides pour le 25
juillet, les 4, 14 et 24 août, et le 3 septembre; l'une
des éphémérides est déterminée au moyen des éléments
calculés par lui, et les deux autres en faisant varier la
longitude moyenne de l'époque, c'est-à-dire la position
de l'astre sur son orbite le 29 mai 1861 de $+$ ou $-$ 5°.
Nous voyons donc déjà que, par le fait, le 72e astéroïde,

dès l'origine, était égaré, et l'on ne pouvait prévoir quand cet astre serait retroùvé, car M. Bond assurait que l'incertitude de la position de Féronia était considérable.

M. Péters a retrouvé lui-même sa planète le 14 octobre. Au moyen des observations faites le 14 et le 23 octobre, puis le 1er novembre, il a calculé les éléments de l'orbite qui sont les suivants :

Époque 1862, *octobre* 23,5, T. M. de Washington.

$$L = 3^\circ 15' 32''.$$
$$\pi = 309^\circ 47' 48''.$$
$$\Omega = 207^\circ 36' 20''. \left.\right\} \text{ rapportés à l'équinoxe moyen}$$
$$I = 5^\circ 25' 56''. \quad \text{de } 1862,0.$$
$$e = 0,11638.$$
$$\mu = 1034'',0617.$$
$$a = 2,2749.$$
$$T = 1253 \text{ jours, } 3.$$

Féronia n'est donc pas la planète ayant le *mouvement moyen* le plus considérable, ainsi que le supposait M. Safford; cet astre ne doit donc pas prendre la place de *Flore* dans l'Annuaire du bureau des longitudes : il n'a même, relativement à sa distance moyenne au Soleil, que le quatrième rang, c'est-à-dire qu'il vient après Harmonia.

Le 73e astéroïde a été découvert à l'observatoire de Cambridge (États-Unis), par M. Tuttle le 7 avril 1862. Le nouveau monde se tient décidément à la hauteur de l'ancien, au point de vue astronomique.

L'astre découvert par la lunette américaine était de treizième grandeur quand il a été aperçu, et tout près de l'étoile β de la *Vierge*. — MM. Bond, Safford et Hall en ont obtenu neuf positions. — On l'a nommé Clytie, fille de l'Océan et de Téthys. — Les éléments de son orbite, calculés par M. Asaph Hall, sont les suivants:

Époque 26,0, mai 1862.

$$L = 128^o\ 13'\ 20''.$$
$$\pi = 61^o\ 33'\ 51'',1$$
$$\Omega = 7^o\ 32'\ 18'',9$$
$$I = 2^o\ 24'\ 57'',6$$

rapportés à l'équinoxe moyen de 1862,0.

$$e = 0,045,438.$$
$$\mu = 815,321.$$
$$a = 2,665537.$$
$$T = 1589\ \text{jours, 5}.$$

De nouvelles positions de l'astre ont été obtenues à Hamilton-Collége, du 25 avril au 28 mai. — M. Schjellerup a aussi calculé les éléments de cette planète; ses résultats ne paraissent pas avoir la précision de ceux de M. Hall, lesquels, en raison du peu d'inclinaison de l'orbite, ont été calculés, par la méthode de Gauss, en employant quatre positions de l'astre. M. Safford, en employant la même méthode, a trouvé des éléments très-peu différents de ceux de M. Hall.

Clytie est donc un astéroïde définitivement acquis à l'astronomie.

A l'occasion de planètes égarées, en raison du peu de temps pendant lequel on a pu suivre leur trace après leur découverte, nous devons signaler que les deux planètes *Calypso* et *Daphné*, dont la dernière a été l'objet de recherches assidues par les astronomes, sont enfin retrouvées.

Le 27 janvier 1862, M. Luther a d'abord retrouvé la planète Calypso, découverte par lui le 4 avril 1858, non loin de la position que lui assignaient les éphémérides hypothétiques IV qu'il avait calculées, pour l'époque de l'opposition devant arriver le 16 février.

Le professeur Schönfeld a aussi observé, le 9 février, cet astéroïde, qu'il a retrouvé au moyen des éphémérides de M. Luther. A l'observatoire naval des États-Unis, M. Fergusson a obtenu, en mars, sept positions de Calypso; enfin, à Berlin, du 7 février au 22 mai, M. Tietjen en a déterminé vingt-deux positions; c'est donc un astre complétement retrouvé.

C'est le 22 mai 1856 que M. Goldschmidt a décou-

vert la planète télescopique *Daphné*. Comme, à ce
moment, la distance de cet astre à la Terre allait en
augmentant, son éclat s'affaiblissait. Il ne put être observé que pendant quatre jours, et, par suite, les éléments qu'on en déduisit et qui ont été insérés dans
l'Annuaire du bureau des longitudes étaient incertains.
Après ces quatre jours d'observation, on ne put revoir
la petite planète.

En 1857, le 9 septembre, l'infatigable M. Goldschmidt
trouva un astéroïde au point du ciel où, d'après les
éléments calculés, devait se trouver *Daphné*, on crut
donc la planète retrouvée.

Mais l'année suivante, M. Schubert démontra que
l'astéroïde aperçu en septembre 1857 n'était pas du tout
Daphné. Les orbites des deux astres étaient, en effet,
toutes différentes. On nomma la nouvelle planète
Pseudo-Daphné. Toutefois, comme on ne put l'observer
que pendant peu de jours, tous les astronomes ne par-
tagèrent point l'opinion de M. Schubert.

En 1858 et 1859, on ne put découvrir ni *Daphné*, ni
Pseudo-Daphné. Le 5 mai 1861, en cherchant la pre-
mière de ces deux planètes, M. Goldschmidt trouva
Panopée, la 70e du groupe.

Le 13 août de la même année, en explorant les
régions célestes où devait se trouver Daphné, M. Lu-

ther découvrit la planète *Niobé*, la 71ᵉ du groupe. — Ainsi, la perte de Daphné servit à la découverte de deux autres astéroïdes.

Tant de persévérance devait enfin être couronnée de succès. — Le 27 août de l'année dernière, M. Goldschmidt saisit enfin, dans sa lunette habile, la planète Pseudo-Daphné, qui reçut le nom de Mélété, fille de Saturne.

Mélété a été observée en septembre, octobre et novembre 1861, par M. Tietjen, et aussi en novembre de la même année, par M. Schœnfeld, qui en a calculé les éléments.

Ces éléments sont très-peu différents de ceux trouvés antérieurement pour Pseudo-Daphné. — L'identité des deux astres fut donc ainsi parfaitement constatée.

Pseudo-Daphné, ou plutôt Mélété, retrouvée, la recherche de Daphné devenait plus certaine.

Le 29 août 1862, M. Tempel, à Marseille, et le 31 août, M. Luther, à l'observatoire de Bilk, découvrirent chacun une planète nouvelle. M. Tempel écrivit à M. Bruhns pour savoir si c'était un astre nouveau; il en reçut une réponse affirmative. Il adressa alors une dépêche à M. Élie de Baumont, secrétaire perpétuel de l'Académie des sciences, pour lui faire part de sa découverte. Les comptes rendus ne firent pas mention

7

de cette dépêche, parce qu'on venait de recevoir l'annonce de la découverte de M. Luther, et que les deux astres signalés, étant excessivement voisins, on pensa que c'était la même planète qui avait été observée à Bilk le 29, et à Marseille le 31. Or, les deux planètes étaient bien deux astres différents, ainsi que les observations le prouvèrent, et l'on reconnut que M. Tempel venait de découvrir un astéroïde nouveau, le 74e du groupe.

En annonçant sa découverte à M. Élie de Baumont, et en lui adressant en outre une observation de sa planète faite à Berlin le 3 septembre par M. Tietjen, M. Luther disait au secrétaire perpétuel de l'Académie des sciences :

« Cette planète du 31 août est différente de la pla-
« nète Daphné, perdue depuis 1856. Pour que le
« lieu de Daphné soit le 31 août, le même que celui
« de l'astre découvert, il faudrait diminuer l'anomalie
« moyenne de Daphné de 61°. »

La planète du 31 août, ajoutait l'astronome de Bilk, est donc nouvelle, nous lui donnerons le nom de Diana.

Mais, le 14 septembre, M. Luther obtint une nouvelle observation de son astéroïde, et qui lui donna l'assurance, ainsi qu'il l'écrivit à l'Académie des sciences, qu'il avait redécouvert la planète *Daphné* et non pas une planète nouvelle.

D'après les éléments de l'orbite de Daphné, calculés par M. Seeling, il fallait toutefois adopter, pour mouvement moyen de cet astre, 749″ au lieu de 903″, pour que la position de *Daphné*, le 14 septembre, se trouvât bien la même que celle de la planète observée par M. Luther.

Avec l'observation du 31 août, de cet astronome et deux autres observations, faites à l'observatoire de Berlin les 5 et le 11 septembre, M. Tietjen a calculé, pour cette planète, les éléments suivants :

Époque 1862, *sept*, 5,5. T. M. de Berlin.

M Anomalie moyenne = 88° 51′ 17″,5.

π Long. du périhélie = 233° 44′ 39″,8 ⎫ rapportés à

Ω Long. du nœud... = 179° 07′ 07″,7 ⎬ l'équinoxe moyen de

I Inclinaison ...... = 14° 38′ 49″ ⎭ l'époque.

e Excentricité...... = 0,28889.

μ Mouvement moyen = 728″,32.

a Distance moyenne = 2,8738.

Voici maintenant ceux calculés d'après les observations de M. Goldschmidt, il y a six ans, et donnés dans l'Annuaire du bureau des longitudes.

Époque 1856, 31 *mai*. T. M. de Paris.

L Longitude moyenne $= 201°$ 19' 22".

π .... $= 231°$ 05' 48" ⎫ rapportés à
Ω .... $= 179°$ 29' 10' ⎬ l'équinoxe moyen de
1 .... $= 15°$ 09' 09" ⎭ l'époque.

e .... $= 0,21536.$

μ .... $= 903'',0956.$

a .... $= 2,4899.$

On voit bien que les plans de ces deux orbites, ainsi que la situation des deux ellipses sont les mêmes, la forme est un peu différente, et les moyens mouvements sont tout à fait différents; mais c'est justement à cause de cela que Daphné avait été perdue ; c'est parce que les éléments de 1856 donnaient à cette planète un mouvement beaucoup plus rapide que celui qu'elle a réellement, qu'on cherchait la planète bien au delà du point où elle était.

La planète de M. Luther a été observée à Vienne par M. Ed. Weiss les 17, 19 et 21 septembre ; nous avons vu avec étonnement qu'il lui donnait le n° 75 ; n'accepterait-il donc pas l'identité des deux astres?

Il nous paraît, à nous, bien réel que Daphné *est retrouvée;* et c'est une véritable conquête que l'on vient

de faire ; honneur donc à M. Luther, à l'illustre astronome de Bilk, à lui qui, en plus de cette importante
découverte, a déjà enrichi le ciel astronomique de 13
astéroïdes.

Le 74ᵉ astéroïde, découvert par M. Tempel, a été
aussi observé le 16 septembre, à l'observatoire de Bilk,
par M. Luther, et les 21, 22 et 28 septembre, à Vienne,
par M. Weiss. M. Henry Parkhurst l'a aussi observé
à New-York le 25 septembre, sans savoir qu'on venait
de le découvrir en Europe.

M. Littrow lui a donné le nom de Galatée ; les éléments calculés par M. Tietjen, d'après les observations
du 20 septembre, du 10 et du 28 octobre, sont les suivants :

Époque, octobre 28,5. T. M. de Berlin.

$$M = \quad 2^0\ 20'\ 49'',9.$$
$$\pi = \quad 7^0\ 38'\ 14'',4$$
$$\Omega = 197^0\ 56'\ 48'',7 \quad \text{rapportés à l'équinoxe moyen}$$
$$I = \quad 3^0\ 58'\ 50',9 \quad \text{du 10 octobre, 5.}$$
$$e = 0,066516.$$
$$\mu = 765'',9705.$$
$$a = 2,7798.$$

Jusqu'à présent elle prend donc rang, quant à la
distance, entre *Bellone* et *Polymnie*.

Le 75ᵉ astéroïde a été découvert le 22 septembre, à l'observatoire de Hamilton-Collège (New-York), par M. C. Péters. Il avait l'éclat d'une étoile de onzième grandeur. Du 22 septembre au 28, l'astronomé américain a eu sept positions de l'astre. M. Tietjen a calculé les éléments de l'orbite, à l'aide des positions qu'il a obtenues le 22 septembre, le 25 octobre et le 27 novembre.

Ces éléments sont :

Époque 1862, *octobre* 25,5. T. M. de Berlin.

$$M = 28° 38' 34'',1$$
$$\pi = 334° 56' 18',7$$
$$\Omega = 359° 51' 21'',9$$
$$I = 4° 58' 58'',3$$

rapportés à l'équinoxe moyen de l'époque.

$$e = 0,30394.$$
$$\mu = 818'',08.$$
$$a = 2,6630.$$

M. Péters a aussi envoyé de nouvelles observations obtenues les 3, 4, 5 et 7 octobre.

Le 76ᵉ astéroïde a été découvert par M. d'Arrest, le 21 octobre ; il était de douzième grandeur au moment où cet astronome l'a aperçu. Il l'a nommé Fréya, déesse de l'Amour et de la Beauté chez les Scandinaves. C'est de Fréya que viennent les noms de Freytag et de Friday, qui veulent dirent vendredi (jour de Vénus), en allemand et en anglais. Fréya est donc la Vénus Scandinave.

. La position dans laquelle M. d'Arrest a aperçu cet astéroïde pouvait se rapporter aussi à Féronia, ce qui fit supposer que Féronia et Fréya étaient le même astre. M. Radau avait trouvé, en effet, en prenant pour base les éléments de M. Safford, mais en ajoutant 20″ au mouvement moyen, que les positions de Féronia, le 21 octobre et le 1er novembre, étaient à très-peu près égales à celles dans lesquelles M. d'Arrest a observé le 76e astéroïde.

Le doute n'est plus maintenant permis; Féronia est retrouvée ainsi que nous l'avons dit plus haut, et voici les éléments de Fréya calculés par M. d'Arrest lui-même :

Époque 1862, octobre 24,5. T. M. de Greenwich.

$$L = 64^\circ\ 40'\ 56''.$$
$$\pi = 94^\circ\ 05'\ 52'' \left.\right\}$$
$$\Omega = 213^\circ\ 58'\ 04'' \left.\right\} \text{rapportés à l'équinoxe moyen}$$
$$I = 1^\circ\ 45'\ 11'' \left.\right\} \text{de 1862,0.}$$
$$e = 0{,}39893.$$
$$\mu = 448'',156.$$
$$a = 3{,}9724.$$
$$T = 2981\ \text{jours, 8.}$$

Fréya est donc bien différente de Féronia, puisque
son mouvement moyen est le plus lent des astéroïdes
connus, et par suite, son temps de révolution le plus
considérable; c'est donc cet astre qui devra clore la
liste des planètes télescopiques dans l'Annuaire du bureau des longitudes.

D'après une lettre de M. d'Arrest, insérée dans les
A. N., une seule observation de Fréya a été obtenue à
l'observatoire de Berlin le 27 novembre. Cette observation indiquerait une petite déviation de l'orbite que
nous venons de donner; cette nouvelle position a con-
duit M. d'Arrest à l'orbite suivante, qui répondrait
d'une manière plus exacte, non-seulement aux observations d'octobre, mais aussi à l'observation du 27 novembre :

1862. *Octobre* 24,5. T. M. de Greenwich.

$$M = 321° 37' 44'',94.$$
$$\pi = 67° 10' 17'', 9$$
$$\Omega = 212° 29' 32'', 5$$
$$I = 2° 13' 03'', 0$$
rapportés à l'équinoxe moyen de 1862,0.
$$e = 0,029918.$$
$$\mu = 623'',066.$$
$$a = 3,1890.$$

Le 77e astéroïde a été découvert non loin de *Féronia*
par M. Péters (États-Unis), le 12 novembre 1862. — Le

mauvais temps a empêché cet astronome d'en obtenir
plus de deux observations; cependant, de courtes éclair-
cies, qui ont eu lieu le 25, lui ont permis de porter trois
positions de l'astre sur la carte céleste, et de reconnaître
que cette planète nouvelle était à peu près *à sa sta-*
tion.

Grâce à l'activité de certains astronomes, nous voici
donc, à la fin de 1862, en possession de 77 astéroïdes !...

Ce nombre continuera-t-il à s'accroître chaque année, ainsi que cela a eu lieu depuis 1845? Ces découvertes finiront-elles par avoir un terme, ou ces astres,
dont quelques-uns, comme *Virginie, Hestia, Atalante,*
n'ont probablement pas plus de 8 lieues de diamètre
(c'est-à-dire qu'il en faudrait 64 millions environ pour
faire un volume égal à celui de notre globe), ces astres,
dis-je, sont-ils en nombre indéterminé, qui s'augmente
par des formations contemporaines, ainsi que quelques
astronomes l'ont supposé ?

A ce sujet, nous devons avouer que depuis la découverte de Maximiliana et de Féronia, on est un peu
moins en droit d'admettre la supposition d'Olbers, supposition qui nous avait paru rationnelle jusqu'à présent,
et qui fait considérer tous les astéroïdes comme les
fragments de l'écorce solide d'une grosse planète, cir-
culant autrefois entre Mars et Jupiter, à la distance

moyenne 2,8. La distance *périhélie* de Maximiliana est, en effet, égale à 2,96, et la distance *aphélie* de Féronia à 2,54. Or, si Féronia et Maximiliana avaient appartenu à la même planète, on devrait au moins pouvoir trouver dans les orbites de ces deux planètes deux rayons vecteurs à peu près égaux. — On voit qu'il n'en est rien, puisque tous les rayons vecteurs de l'orbite de Maximiliana *sont plus grands* que ceux de l'orbite de *Féronia*. Féronia ne s'éloigne jamais du Soleil à plus de 2,54 rayons moyens de l'orbite terrestre, Maximiliana ne s'en rapproche jamais à plus de 2,96; il y a donc, entre les orbites de ces deux planètes, un espace d'une largeur égale à environ 0,42 du rayon moyen de notre orbite, c'est-à-dire à près de la moitié de notre distance au Soleil, ou à seize millions de lieues, ou enfin 166 fois notre distance à la Lune. Il n'est pas possible de supposer qu'une pareille anomalie puisse être la conséquence des perturbations dues à Jupiter.

Toute cette légion d'astéroïdes dont l'existence pouvait à peine être soupçonnée il y a trente ans, et cela en raison des recherches infructueuses d'Olbers, pour augmenter le nombre des quatre petites planètes, qui, de 1807 à 1845, c'est-à-dire pendant 38 ans, ont régné en souveraines dans l'espace compris entre Mars et Jupiter, tous ces astres sont maintenant soumis à des observations et à une étude constantes. Des positions fréquentes en sont obtenues et publiées, ce qui permet de rectifier les orbites qui ne sont encore qu'imparfaitement connues, et aussi de déterminer les perturbations que leur font subir les planètes telles que Jupiter et Saturne.

Il y a donc aujourd'hui un champ aussi large que fécond, ouvert à tous les astronomes ; c'est cette zone des planètes télescopiques. Là, l'observateur trouvera de quoi occuper tous ses instants, et le calculateur des éléments, pour appliquer les belles méthodes de Gauss sur la détermination des orbites, ou pour appliquer les méthodes relatives au calcul des perturbations planétaires, méthodes dont le grand Euler a posé les premières bases, et que les illustres géomètres Lagrange et Laplace ont portées au point où elles sont aujourd'hui,

En raison, toutefois, des grandes inclinaisons et des excentricités assez considérables des orbites des planètes télescopiques, les méthodes relatives à la détermination des perturbations planétaires demandent encore à être perfectionnnées ; les géomètres trouveront donc encore, dans la recherche de ces perfectionnements, un moyen d'exercer leur génie analytique, et de porter enfin les théories de la mécanique céleste à un point que l'homme n'aurait jamais pu soupçonner

sans la vive lumière que les découvertes de Leibnitz et
de Newton ont répandue sur l'humanité.

A propos des perturbations auxquelles sont sujettes
les orbites des astéroïdes, nous devons signaler que
M. Schubert, le plus infatigable astronome calculateur
du Nouveau Monde, a publié un important travail sur
les perturbations éprouvées par la planète Leucothée,
et qui sont dues à l'action de *Jupiter*.

Il a trouvé que la grosse planète de notre système
a produit, sur cet astéroïde, des perturbations considérables, et cela, parce que *Leucothée*, en raison de la
position de son orbite, peut approcher assez près
de Jupiter. Ainsi, depuis le 11 mai 1855 jusqu'au
18 juillet 1861, c'est-à-dire dans l'espace de six ans, la
longitude de son périhélie a augmenté de 1° 4' 00″,6;
la longitude du nœud a diminué de 34' 5″,6; l'inclinaison de l'orbite a diminué de 4' 40″ et le mouvement
moyen de 4″,7815.

M. Schubert pense, qu'après quelques conjonctions
de Jupiter avec Leucothée, il sera possible d'obtenir une
nouvelle détermination de la masse de la grosse planète,
en introduisant dans la théorie de Leucothée les perturbations observées, et en prenant pour inconnue,
dans cette théorie, la masse de Jupiter.

Je terminerai ce qui est relatif aux petites planètes,

en mentionnant que les astronomes américains et allemands ont remplacé le nom de *Maximiliana*, donné au 65ᵉ astéroïde, par le nom de *Cybèle*.

Cela doit satisfaire M. Luther, qui trouve que l'on ne doit accepter pour nom d'astéroïdes que des noms classiques choisis dans l'histoire, la géographie ou la mythologie. Si le nombre d'astéroïdes va constamment en augmentant, on sera bien forcé d'en arriver à la méthode proposée par M. Leverrier, c'est-à-dire à donner simplement à ces astres un numéro d'ordre correspondant au rang de leur découverte, avec le nom de l'auteur.

A l'appui de la méthode proposée par le savant directeur de l'Observatoire impérial, nous pouvons citer les deux faits suivants :

MM. Gillis et Fergusson, les auteurs du 61ᵉ astéroïde, proposent de remplacer le nom de *Titania*, qu'on a donné à ce petit astre, par celui de la nymphe *Echo*; ils donnent pour raison qu'un satellite d'Uranus porte déjà le nom de Titania. Nous ne comprenons pas quelle difficulté cela crée. Il y a bien actuellement deux célèbres astronomes qui s'appellent Péters; les initiales de leurs prénoms sont même C.-A.-F. pour celui qui est en Danemark, et C.-H.-F. pour celui qui est en Amérique; faut-il donc que l'un d'eux change de nom ?

8

M. Hind vient de nommer *Olympia* la planète 59, découverte par M. Chacornac; M. de Littrow l'avait nommée *Elpis;* c'est sous ce dernier nom qu'elle est désignée dans les Astronomische-Nachrichten; lequel des deux noms faut-il prendre? — Nous croyons définitivement que M. Leverrier a raison.

Nouvelle détermination de la masse de Neptune.

Les observations et les calculs qu'exige la garde de toutes les divinités astronomiques, qui, semblables aux nymphes de l'Opéra, exécutent autour du roi de notre système planétaire cette immense ronde que rien ne saurait arrêter, n'empêchent pas les astronomes de s'occuper aussi des dieux de l'Olympe, c'est-à-dire des anciennes planètes.

Au moyen des perturbations éprouvées par la planète Uranus, M. Safford vient d'obtenir une nouvelle détermination de la masse de Neptune, de cet astre 110 fois plus volumineux que notre globe, dont on ignorait l'existence avant 1846, et dont la découverte est un des plus beaux monuments des théories analytiques et du calcul.

La masse trouvée par M. Safford est $\dfrac{1}{20039 \pm 295}$ en prenant pour *unité* de masse celle du Soleil; c'est-à-dire que la masse de Neptune est comprise entre $\dfrac{1}{20334}$ et $\dfrac{1}{19744}$.

Celle inscrite dans l'Annuaire du bureau des longi-tudes est $\dfrac{1}{17000}$, et celle que l'on trouve dans les Annales de l'Observatoire impérial est $\dfrac{1}{14400}$: c'est la masse obtenue par M. Struve.

D'après le mouvement du satellite de Neptune, M. Bond avait évalué la masse de cette planète à $\dfrac{1}{19400}$. On voit que ce dernier nombre est celui qui s'accorde le plus avec la détermination de M. Safford; M. Bond a, du reste, trouvé qu'en introduisant cette dernière valeur dans la théorie d'Uranus, elle donne des posi-tions de l'astre qui s'accordent exactement avec les observations.

Il paraît donc définitif que la masse de Neptune, donnée dans les ouvrages astronomiques les plus répandus est trop forte. Ainsi, au lieu d'être égale à vingt-quatre fois et demie environ la masse de la Terre, elle n'est égale qu'à dix-sept fois environ cette même masse; on s'était donc trompé de près d'un tiers.

Relation remarquable entre les moyens mouvements synodiques de trois des satellites de Saturne.

Tout le monde sait que Jupiter a *quatre* lunes ou satellites dont on doit la découverte à Galilée (7 janvier 1610). Le premier satellite fait sa révolution sidérale en 1 jour 18^h 27^m 30^s; le second en 3 jours 13^h 13^m 43^s; le troisième en 7 jours 3^h 42^m 37^s; et enfin, le quatrième en 16 jours 16^h 31^m 52^s.

Quand ces satellites viennent passer dans le cône d'ombre formé derrière Jupiter, c'est-à-dire à l'opposé du Soleil, il y a *éclipse* du satellite. Or, il existe un fait remarquable relatif aux trois premiers satellites de Jupiter; c'est qu'ils ne sont jamais *éclipsés tous les trois à la fois*, et cela, parce que la *longitude moyenne* du *premier* satellite, moins *trois fois* celle du *second*, plus *deux fois* celle du *troisième*, est toujours égale à 180°.

Si les deux premiers satellites sont en même temps dans le cône d'ombre de Jupiter, le troisième satellite en est à une certaine distance. Cela résulte de la loi relative aux mouvements de ces trois satellites, loi découverte par Bradley et Wargentin, et que Lagrange et Laplace ont démontré n'être qu'un résultat du principe d'attraction universelle.

Une conséquence de cette loi, conséquence que Bradley remarqua le premier en 1726, est que le *premier satellite* fait exactement 247 révolutions synodiques dans 437 jours $3^h 44^m$; il reconnut ensuite que le *second* satellite fait exactement 123 révolutions dans le même nombre de jours, à très-peu près, c'est-à-dire dans 437 jours $3^h 41^m$; enfin, Wargentin, en 1743, trouva que le troisième satellite fait 61 révolutions dans 437 jours $3^h 35^m$.

En 1845, sir John Herschel reconnut, dans le système de Saturne, une relation analogue à celle observée dans le système de Jupiter. Il trouva qu'une révolution synodique du premier satellite égale *deux* révolutions du troisième, et que deux révolutions du second valent une révolution synodique du quatrième.

M. d'Arrest vient d'établir numériquement, pour le premier, le deuxième et le quatrième satellites de Saturne, une relation semblable à celle trouvée pour Jupiter, par Bradley et Wargentin. Il a trouvé que le premier satellite fait 247 révolutions en 232 jours 8; le

deuxième, 170 révolutions en 232 jours 8, et le quatrième, 85 révolutions en 232 jours 9. En doublant la
période et en introduisant la relation de sir John
Herschel, on trouve que dans 465 jours 18 heures environ, le premier satellite fait 494 révolutions, le second 340, le troisième 247, et enfin le quatrième 170.

La Planète hypothétique Vulcain.

Malgré les recherches auxquelles se livrent les astronomes relativement à la planète *intra-mercurielle*
que le docteur Lescarbault a OFFICIELLEMENT découverte,
on ne peut réussir à en obtenir une observation certaine.

Plusieurs astronomes-amateurs, qui prennent sans
doute des taches solaires pour des planètes passant
entre le Soleil et nous, signalent seuls des observations
qui n'ont aucune valeur scientifique, et, du reste, aucun rapport avec les positions de l'hypothétique *Vulcain.*

Un employé du chemin de fer de Manchester, M. W.
Lummis, qui, suivant la louable habitude de bon
nombre de nos voisins d'outre-Manche, s'occupe d'astronomie dans ses moments de loisir, dit avoir aperçu

le 20 mars, dans la matinée, sur le disque solaire, un
point noir et parfaitement circulaire, dont il a évalué
le diamètre à 7″ (remarquons en passant que *Mercure*,
à son dernier passage sur le Soleil, le 12 novembre 1861,
s'est projeté sur cet astre, d'après l'astronome Bruhns,
suivant un diamètre de 9″,6).

M. Lummis, qui, à ce qu'il paraît, observe sans chro-
nomètre, n'a indiqué qu'à peu près l'heure de son observation. Il en a fait deux croquis pour deux instants
différents : pour 8^h 45^m T. M. de Paris, et 9^h 8^m T. M. du
même lieu. D'après ces croquis, M. Hind a évalué le
mouvement du point noir à 6′ dans 22^m de temps ; c'est
la moitié de l'évaluation, à vue, de M. Lummis.

Ce dernier dit avoir montré le point noir à un de ses
amis, qui l'a aussi aperçu, mais, *par malheur*, une af-
faire imprévue a forcé M. Lummis d'abandonner son
observation avant que le point noir eût quitté le disque
du Soleil ; il n'a donc pas enregistré le temps du dernier
contact. Décidément les planètes intra-mercurielles
jouent de malheur ; *des affaires imprévues* ou des
moyens *insuffisants* empêchent toujours les astronomes-
amateurs qui les aperçoivent d'en fournir des observations certaines.

M. Œltzen, qui a calculé l'orbite de la soi-disant planète de M. Lummis, a trouvé pour distance au Soleil

cinq fois et demie le rayon solaire, et pour durée de
révolution 1 jour 5, c'est-à-dire seize fois moindre environ que la durée de révolution du Soleil sur lui-
même!!!

Cette planète aurait donc une vitesse de translation
de 47 lieues et demie par seconde!... Ce ne serait pas
en tout cas la planète Lescarbault. Une pareille planète, offrant un diamètre apparent de 7″, et ayant une
orbite si peu étendue, aurait déjà été vue.

M. Valz, l'ancien directeur de l'observatoire de Marseille, en altérant l'observation de M. Lummis, et en
supposant dans les positions trouvées par M. Hind des
erreurs d'une minute, *dans un sens*, a donné une orbite
différente de celle de M. Œltzen, et qui a plus de rapport avec l'orbite qu'il a déduite de l'observation de
M. Lescarbault, d'après la même méthode.

Tous ces résultats, il faut l'avouer, ne sont basés sur
rien de sérieux. Aussi, jusqu'à présent, malgré les
20,000 observations de taches solaires, enregistrées
par M. B. Wolf, malgré tous les points noirs aperçus, on
ne peut avoir aucune certitude sur l'existence des planètes intra-mercurielles. Nous croyons donc devoir
prendre la résolution de ne plus nous occuper de Vulcain, jusqu'à ce que des observations *réelles* faites par
de *véritables* astronomes nous aient assuré de son exis-

tence, qui nous paraît moins probable que jamais. Ci-
tons, en effet, à l'appui de cette opinion, ce que dit de
Vulcain le savant M. Faye dans le n° 11 des *Comptes
rendus de l'Académie des sciences*, tome LIV, page 633.

« .... Aussi avons-nous été vivement émus quand
« on est venu nous dire que le docteur Lescarbault
« avait vu passer sur le Soleil une planète inconnue si-
« tuée au delà de Mercure. C'eût été pour la science
« un nouveau triomphe d'autant plus étonnant qu'il
« avait été préparé sur des indices bien fugitifs, et sans
« plus hésiter nous l'avons salué de nos applaudisse-
« ments. Mais la découverte de M. Lescarbault ne s'est
« pas confirmée. Cherchée partout aux époques indi-
« quées, dans les observatoires des cinq parties du
« monde, la planète nouvelle n'a été vue par personne ;
« elle est restée, pour le moment du moins, dans la
« catégorie de ces apparitions énigmatiques dont la
« science possède bon nombre de cas dans les limbes
« de ses archives. »

Sur une nouvelle détermination de la vitesse de la lumière.

L'Académie des sciences a retenti cette année du
bruit d'une nouvelle détermination de la vitesse de la

lumière, obtenue par M. Foucault, et du résultat ca-
pital devant en découler, c'est-à-dire du remaniement
général de tout le système solaire relativement aux
distances des corps célestes, à leur *volume* et à leur
masse.

Pour bien faire comprendre au lecteur en quoi consiste le travail de M. Foucault, nous allons brièvement
reprendre les choses d'un peu loin, afin que, dans une
question aussi délicate que celle qui nous occupe en ce
moment, on puisse attribuer à chacun la part qui lui
est due.

Le 22 novembre 1675, Roëmer, astronome danois,
premier consul de Copenhague, lut à l'Académie des
sciences un Mémoire sur « *La propagation non instan-
tanée de la lumière.* »

Dans ce Mémoire, Roëmer indiquait que les observations des immersions et des émersions des satellites
de Jupiter, au moment des éclipses qui se produisent
quand ces petits astres traversent le cône d'ombre situé derrière la grosse planète, n'arrivaient jamais pré-
cisément aux époques assignées par le calcul, que l'on
pouvait exécuter grâce aux tables de Dominique Cassini.

Les phases observées, disait Roëmer dans son Mémoire, éprouvent toujours un retard plus considérable

lorsque Jupiter est le plus éloigné de nous, que lorsqu'il est en opposition; l'on ne peut évidemment en
assigner la cause qu'au temps que doit mettre *la lumière*
à parcourir la différence des distances auxquelles la
Terre se trouve de Jupiter aux deux époques considérées.

Roëmer était dans le vrai, et bien que le nombre 14
minutes qu'il assigna, pour temps que la lumière met
à parcourir le diamètre de notre orbite, ne fût pas l'ex-
pression exacte de la vérité, il n'en venait pas moins
de faire une des plus brillantes découvertes des temps
modernes.

Roëmer n'aperçut pas toutes les conséquences du
grand principe qu'il venait de découvrir, et il se borna
à signaler que la lumière ne se propageait pas *instan-
tanément*, sans en déduire les corollaires par lesquels
le génie de Bradley a changé la face de l'astronomie de
précision.

Malgré les attaques dont la découverte de l'astronome
de Copenhague fut l'objet, malgré le rejet prononcé
par Dominique Cassini, qui avait cependant lui-même
entrevu cette cause du retard observé dans les phases
des éclipses des satellites de Jupiter; malgré les efforts
de *Maraldi* pour démontrer que l'*hypothèse* de Roëmer
ne satisfaisait que les éclipses relatives au premier sa-

tellite de Jupiter ; malgré enfin l'opinion de *Fontenelle*,
l'historien de l'Académie des sciences, qui, s'appuyant
sur les observations de Maraldi, traita la découverte de
la vitesse de la lumière de « GRANDE ERREUR !..., » cette
vérité n'en resta pas moins un fait acquis à la science,
fait que l'illustre Bradley confirma d'une manière défi-
nitive en 1728, en mettant en outre en évidence une
preuve inespérée du *mouvement* de translation de la
Terre autour du Soleil.

Bradley découvrit, en effet, le phénomène de l'*aberration*. Grâce à la précision de ses observations sur les
étoiles, il fit d'abord voir que tous ces astres décrivent,
dans la voûte céleste et *dans l'espace d'une année,* la petite ellipse apparente dont j'ai parlé au commencement
de cette Revue (première Partie). Mais ce qui vint donner à la découverte de Bradley une importance extraordinaire, c'est qu'il démontra d'une manière inattaqua-
ble que ce mouvement elliptique de toutes les étoiles
est dû à la combinaison de la vitesse de la lumière
dans l'espace avec la vitesse de la Terre dans les différentes parties de son orbite.

De 1728 à 1849 il fut donc admis que la lumière a
une vitesse de transmission telle, qu'un rayon lumineux
partant du Soleil met 8^m 16^s à arriver à la Terre, lorsque
notre globe est à sa distance moyenne de l'astre radieux.

Cela donne pour vitesse de la lumière 77,076 lieues de 4 kilomètres par seconde.

Une pareille vitesse donnant 13 centièmes de seconde pour temps que la lumière mettrait à parcourir une longueur égale au contour de notre globe, il n'était venu à l'idée de personne avant 1849, surtout après les tentatives infructueuses de Galilée et des membres de l'Académie del Cimento, qu'on pût réellement trouver le moyen de mesurer, d'une manière exacte, une pareille vitesse à la surface de la Terre et sans le secours des phénomènes astronomiques.

Un physicien français eut pourtant la pensée d'obtenir exactement la vitesse de la lumière par des moyens propres à notre globe, et parvint à un résultat qui, par sa précision relative, étonna le monde savant. M. Fizeau, aujourd'hui membre de l'Académie des sciences, présenta, en effet, le 23 juillet 1849, à cette illustre assemblée, un travail sur un appareil qui lui permettait de mesurer exactement le temps que met la lumière à parcourir un espace de 17,266 mètres, c'est-à-dire d'un peu moins de 5 lieues. Ce temps est moindre que 6 cent-millièmes de seconde!...

Pour arriver à un résultat aussi extraordinaire, M. Fizeau disposa deux lunettes, l'une à l'étage supérieur de

9

sa maison de *Suresnes*, l'autre à l'étage supérieur d'une maison de *Montmartre*.

Les deux lunettes étaient exactement dirigées l'une vers l'autre.

Une lampe placée dans la chambre où était disposée la lunette de Suresnes envoyait un rayon de lumière qui, au moyen d'un miroir évidé et incliné de 45° était renvoyé dans la lunette de *Suresnes*, traversait l'espace compris entre les deux points, entrait dans la lunette de *Montmartre* et venait former une image au *foyer* de cette lunette. Là, un miroir placé exactement à ce foyer renvoyait le rayon lumineux suivant l'axe de la lunette ; ce rayon retraversait l'espace en parcourant en sens inverse son premier chemin, rentrait dans la lunette de *Suresnes* et venait former une image au foyer de cette lunette. Cette image pouvait être observée, grâce à l'évidement de la glace et à un oculaire disposé convenablement.

On voit donc que le rayon de lumière parti de la lampe de *Suresnes* avait deux fois parcouru la distance de Suresnes à Montmartre, c'est-à-dire 17,266 mètres, avant d'arriver à l'œil de l'observateur.

C'est dans ce qui suit maintenant que réside surtout le mérite de la remarquable expérience de M. Fizeau. Le tube de la lunette de Suresnes, entaillé au point correspondant au foyer de l'objectif, laissait passer à ce foyer les dents d'une roue dont l'axe pouvait recevoir un rapide mouvement de rotation.

Les dents de cette roue, en s'interposant au foyer situé en avant de la glace évidée, renvoyant la lumière de la lampe à l'objectif de la lunette, pouvaient empêcher un rayon de partir pour *Montmartre* ou de rentrer au foyer de *Suresnes*. Mais la roue en tournant présentait successivement au rayon lumineux les *dents* de cette roue et les *vides* qui les séparent. Or, il est clair que si un rayon de lumière *passant entre deux dents* et partant pour Montmartre retrouvait en revenant à *Suresnes* une *dent* de la roue, il ne pouvait donner d'image au foyer de la lunette de ce point; il y avait donc *éclipse*. Mais que fallait-il pour cela? Tout simplement que le temps que la roue en mouvement employait à remplacer au foyer *un vide de ses dents* par la dent adjacente fût exactement égal au temps que la lumière mettait à faire le double trajet de Suresnes à Montmartre.

Par une rotation rapide imprimée à la roue au moyen d'engrenages, M. Fizeau est parvenu à déterminer l'*éclipse* totale de l'image du point lumineux. Par conséquent connaissant la durée d'une rotation de la roue, à ce moment, et le nombre de dents et de vides qu'elle contenait, M. Fizeau a pu obtenir le temps du passage

d'un vide à la dent adjacente, c'est-à-dire le temps
employé par la lumière pour parcourir le *double trajet
de Suresnes à Montmartre.* C'est ainsi que M. Fizeau
a trouvé pour vitesse de la lumière, *dans l'air*,
77,841 lieues par seconde, nombre peu différent de
celui obtenu par la méthode des *éclipses* des satellites
de Jupiter.

Le 6 mai 1850, M. Léon Foucault, guidé par les expériences de l'illustre Arago, sur la détermination des
vitesses comparatives de la lumière dans les liquides et
dans l'air à l'aide du miroir tournant de Wheaston,
présenta à l'Académie des sciences un travail remarquable sur une détermination de la vitesse de la lumière, obtenue à l'aide d'un miroir tournant. Dans
l'appareil de M. Fizeau, le rayon lumineux parcourait
17,266 mètres; dans celui de M. Foucault il ne parcourait que 4 mètres!...

Dans le premier, par une rotation rapide d'une roue
dentée on déterminait *une éclipse* de l'image; dans le
second appareil, par la rotation rapide d'un miroir,
on déterminait une *déviation* de l'image.

Donnons une description succincte de l'appareil de
M. Foucault en 1850.

Un rayon solaire réfléchi horizontalement par un héliostat entrait par l'ouverture du volet d'une chambre

noire; sur cette ouverture avait été disposé un *dia-phragme* portant un *fil* de platine très-fin.

Sur l'axe du faisceau de lumière entrant dans la chambre noire était placée une lentille achromatique. Les rayons solaires, après avoir traversé la lentille, rencontraient un *miroir plan circulaire* placé verticalement un peu en arrière de cette lentille, de telle sorte que son centre fût exactement sur l'axe du faisceau convergent.

De cette manière les rayons solaires étant réfléchis dans une direction qui dépendait de la position du miroir plan, le faisceau *convergent se trouvait par le fait brisé*, et l'image du diaphragme se formait en *un point* tel que la distance de ce point au centre du miroir plan, augmentée de la distance de ce centre à celui de l'objectif, était exactement égale à la distance focale de la lentille. C'est en ce point que M. Foucault plaça un miroir sphérique *concave* dont la courbure était telle que son centre se trouvait à l'intersection de l'axe du faisceau lumineux avec le miroir plan.

D'après ces dispositions, il résultait que le faisceau de lumière, après avoir frappé le *miroir plan*, était renvoyé sur le *miroir sphérique* qui le *renvoyait au miroir plan*, lequel le réfléchissait suivant l'axe de l'objectif, il se

formait alors une image du *diaphragme sur le diaphragme même.*

Ayant donné une certaine étendue au miroir sphérique, le miroir plan pouvait avoir une petite rotation
autour de son axe vertical sans que l'image du diaphragme cessât de se former à certains intervalles *sur
le diaphragme même.* Le miroir plan tournant, en effet,
de la *moitié* de la quantité angulaire dont les images
se déplaçaient sur le miroir sphérique, la marche des
rayons lumineux, en retournant à la lentille, n'en était
nullement altérée.

Mais en imprimant une vive rotation au *miroir plan,*
les choses ne se passaient plus de la même manière. Si,
en effet, le rayon lumineux en retournant au miroir
plan, *après avoir frappé le miroir sphérique,* ne retrouve
plus le *miroir plan* dans la *même position* que celle
qu'il avait lorsqu'il a été envoyé par lui sur le miroir
sphérique, il ne sera pas réfléchi à l'objectif dans la
même direction, et il se formera évidemment *une déviation;* c'est-à-dire que l'image du *fil* du *diaphragme*
ne se formera plus sur ce *fil* même.

Cette déviation sera d'autant plus grande que le
miroir tournera plus rapidement, c'est-à-dire qu'il se
sera plus déplacé pendant le temps que le rayon
de lumière aura mis à parcourir le double trajet du

miroir plan au *miroir sphérique;* c'est-à-dire *quatre métres !*

La rotation du miroir de l'appareil de M. Foucault, en 1850, était déterminée par une sirène à vapeur disposée de manière à pouvoir mesurer et régler la vitesse de rotation du miroir depuis trente tours jusqu'à mille tours par seconde. Avec cent tours seulement par seconde la déviation de l'image était facile à observer.

En employant une formule très-facile à établir et dans laquelle entrent le *nombre de tours* du miroir par seconde, le *chemin* parcouru par le rayon de lumière pour revenir au diaphragme et enfin la *déviation observée,* M. Foucault put obtenir une détermination de la vitesse de la lumière dans l'air.

L'appareil de M. Foucault ne lui servit pas seulement à mesurer la vitesse de la lumière dans une chambre, il l'appliqua aussi à la détermination de la vitesse de la lumière dans des milieux différents.

En comparant les déviations du fil de platine du diaphragme, relativement à un rayon de lumière ayant traversé l'air, et à un autre ayant traversé un tube rempli d'eau, il constata que l'image du rayon dans l'eau était plus déviée que l'image du rayon dans l'air ; et par conséquent, que la lumière se propage avec *moins de vitesse* dans l'*eau* que dans l'*air*.

Ce résultat vint donner un coup décisif au système de l'émission, et fit ressortir, ainsi qu'Arago l'avait indiqué, la vérité du système des ondulations.

A l'époque même où M. Foucault faisait ses expériences sur la vitesse de la lumière dans l'air et dans l'eau, MM. Fizeau et Bréguet s'occupaient du même sujet, mais avec des appareils différents, que nous ne relaterons pas ici, par manque d'espace; ils arrivèrent à établir le même résultat que M. Foucault, c'est-à-dire que la vitesse de la lumière n'est pas la même dans des milieux différents.

M. Fizeau fit voir, en outre, que la vitesse de la lumière éprouve des modifications, suivant qu'elle se propage dans le sens du mouvement de l'eau, ou dans un sens contraire; c'est-à-dire que le savant physicien constata l'influence du mouvement des *milieux* sur la vitesse de la lumière; toutefois nous devons ajouter que l'*air* animé d'une grande vitesse n'a donné à M. Fizeau aucune déviation sensible.

Les *Comptes rendus de l'Académie des sciences*, du 24 novembre dernier, contiennent un résumé de la *Nouvelle détermination expérimentale de la vitesse de la lumière par M. Foucault.*

Le nouvel appareil dont il s'est servi est une modification de l'appareil imaginé par lui en 1850, et dont

nous venons de donner brièvement une idée. Voici,
d'après le savant physicien lui-même, son nouvel appareil :

Un faisceau de lumière solaire, réfléchi horizontalement par un héliostat, vient tomber sur une mire
micrométrique, taillée à jour à la surface d'une lame
de verre argenté et qui consiste en une série de traits
verticaux, distants les uns des autres de 1/10 de milli-
mètre.

Les rayons solaires, après avoir traversé la mire, et
après avoir parcouru un mètre arrivent sur le *miroir
tournant* à surface plane, où ils éprouvent une première
réflexion, qui les renvoie à 4 mètres de distance, vers
un premier *miroir concave.*

Entre ces deux miroirs, et le plus près possible du
miroir plan, est placé l'*objectif,* disposé de telle sorte
que le faisceau de lumière, après avoir traversé l'objectif, va former une image de la mire, à la surface de
ce premier miroir concave.

De là le faisceau est réfléchi de nouveau ; mais, au lieu
de revenir au miroir plan, comme dans le premier appareil de M. Foucault, il va, par une inclinaison donnée au premier miroir concave, rencontrer un second
miroir sphérique, où il se réfléchit encore en repassant
près du premier miroir, rencontre un *troisième* miroir

concave, qui le renvoie à un *quatrième*, lequel enfin le
renvoie à un *cinquième*. Ce dernier miroir, séparé de
l'avant-dernier, qui lui fait face exactement, par une
distance de 4 mètres, égale à son rayon de courbure,
renvoie le faisceau exactement sur lui-même, ce qui
fait que le rayon de lumière, retournant exactement
par le chemin qu'il a parcouru, vient rencontrer le miroir plan, qui renvoie enfin le faisceau lumineux sur la
mire, comme il est entré.

Tant que l'appareil est en repos, les deux images
restent en contact; mais dès qu'on donne au miroir
tournant un vif mouvement de rotation, l'image de
la mire se déplace dans le sens du mouvement du
miroir et la déviation augmente avec la vitesse de
rotation.

Ce déplacement permet donc de déterminer, au
moyen de la même formule employée par M. Foucault,
dans ses expériences de 1850, le temps mis par la lumière à parcourir tout le trajet brisé suivi par le faisceau solaire pour revenir à la mire micrométrique; il
peut donc en déduire la valeur de la vitesse de la lumière.

L'axe du miroir tournant est mis en mouvement à
l'aide d'une petite turbine à air. L'air y est fourni par
une soufflerie à haute pression, et sa vitesse, réglée par

un régulateur imaginé par M. Cavaillé, peut être con-
servée aussi constante que possible.

Le nombre de tours du miroir est déterminé avec
une extrême précision au moyen d'un écran circulaire
en forme de roue dentée et mis en mouvement par
un rouage chronométrique; écran que l'on place entre
le microscope et la glace à réflexion.

Voici comment M. Foucault explique ce mécanisme
de son appareil :

« Entre le microscope et la glace à réflexion partielle,
« se trouve un disque circulaire, dont le bord finement
« denté empiète sur l'image qu'on observe et l'inter-
« cepte en partie; le disque tourne uniformément sur
« lui-même; en sorte que si l'image brillait d'une ma-
« nière continue, les dents qu'il porte à sa circonfé-
« rence, échapperaient à la vue, par la rapidité du
« mouvement. Mais l'image n'est pas permanente, elle
« résulte d'une série d'apparitions discontinues, qui
« sont en nombre égal à celui des révolutions du mi-
« roir, et dans le cas particulier où les dents de l'é-
« cran se succèdent aussi en même nombre, il se pro-
« duit pour l'œil une illusion facile à expliquer, qui
« fait reparaître la denture, comme si le disque ne
« tournait pas. Supposons donc que ce disque portant
« n dents à sa circonférence fasse un tour par seconde,

« et qu'en même temps on mette la turbine en marche ;
« si, en réglant l'écoulement de l'air, on parvient à
« maintenir l'apparente fixité des dents, on pourra te-
« nir pour certain que le miroir fait effectivement
« *n* tours par seconde. »

Pour s'affranchir d'une cause d'erreur due à la construction du micromètre, M. Foucault, au lieu de mesurer
micrométriquement la déviation de l'image, a adopté
pour celle-ci une valeur définie d'avance et a cherché
expérimentalement quelle était la distance à établir
entre la mire et le miroir tournant pour produire
cette déviation.

On voit, par ce qui précède, combien M. Foucault a
pu obtenir de précision dans la détermination des nom-
bres entrant dans la formule qui lui donne la vitesse de
la lumière. En répétant ses expériences et en combi-
nant ses résultats par voie de moyenne, les séries du
savant physicien s'accordent à 1/600 près. On peut
donc considérer comme *extraordinairement exact* le
nombre 298 millions de mètres par seconde de T. M.,
trouvé par M. Foucault pour vitesse de la lumière
dans l'air.

Nous disons vitesse de la lumière *dans l'air* et non
dans *l'espace*, parce que le chemin de 20 mètres parcouru par le rayon lumineux dans l'appareil de M. Fou-

cault a été réellement effectué dans l'*air* et non dans le *vide*, et que nous n'avons lu nulle part qu'il ait opéré la réduction *au vide*.

Il ne nous semble donc pas que cette nouvelle détermination de la vitesse de la lumière, quelque exacte qu'elle soit, puisse être substituée à celle déduite des éclipses des satellites de Jupiter. Là le rayon lumineux a bien, en effet, parcouru les espaces célestes.

Puisqu'il a été démontré, au moins relativement à l'air et à l'eau, que la vitesse de la lumière dépend du milieu qu'elle traverse ; que *pour l'eau* la vitesse est moindre que *pour l'air*, il ne semble pas que l'on puisse prendre la vitesse de la lumière obtenue dans l'air pour celle qui répond aux espaces célestes.

Nous disons plus, le nombre obtenu par M. Foucault, nombre qui est inférieur de 1/30 environ à celui admis jusqu'à présent, n'indique-t-il pas, ce que l'on pouvait prévoir, que la vitesse de la lumière *dans l'air* est plus petite que cette vitesse *dans le vide presque absolu*?

J'ai déjà dit, au commencement de cette Revue, que l'*aberration* des étoiles dépend du rapport de la *vitesse* de la lumière à la *vitesse* de la Terre.

Or, la constante de l'aberration, c'est-à-dire le demi-grand axe de l'ellipse que décrit annuellement chaque

10

étoile, peut être considérée comme obtenue avec une très-grande précision.

En prenant la moyenne des valeurs fournies par Delambre, Lindenau, A. Péters, Struve, etc., on obtient 20″,45 pour cette constante. Mais le rapport de la vitesse moyenne de la Terre à la vitesse de la lumière dans l'espace est égal à la tangente de ce nombre 20″,45.

Si donc l'on connaissait exactement la vitesse de la lumière dans l'*espace*, on aurait *exactement* aussi la vitesse moyenne de la Terre sur son orbite.

Multipliant la vitesse moyenne de la Terre ainsi obtenue par le nombre de *secondes* contenu dans l'année sidérale, nombre que l'on connaît exactement, et divisant ce produit par le double du rapport de la circonférence au diamètre, on obtiendrait enfin, d'une manière rigoureuse, la *distance moyenne* de la Terre au Soleil, et, par suite, la *parallaxe équatoriale* solaire, qui est l'angle sous lequel, à cette distance moyenne, on verrait le rayon équatorial de notre globe.

Or, si l'on adopte pour vitesse de la lumière celle que vient d'obtenir M. Foucault, on trouve qu'il faut diminuer de 1/30 environ la parallaxe déterminée par M. Encke, au moyen d'une discussion des passages de Vénus; qu'il faut, par suite, diminuer de 1200 mille

licues environ, c'est-à-dire de douze fois notre dis-
tance à la Lune, la distance moyenne de la Terre au
Soleil, adoptée jusqu'ici, et enfin que la masse de la
Terre doit être augmentée de 1/15 environ.

Avant de faire subir aux constantes de l'astronomie
des changements aussi importants, il faut, je crois,
mûrement réfléchir. Bien que cette nouvelle valeur de
la parallaxe solaire s'accorde de très-près avec celle
que M. Leverrier a déduite de la théorie de la Lune et
des planètes; bien que le nombre trouvé par M. Foucault soit obtenu très-exactement, on ne peut, quand
il s'agit de remanier tout le système solaire, relativement aux distances des astres, à leur volume, à leur
masse et à leur densité moyenne, adopter pour *vitesse
de la lumière* dans l'espace la *vitesse* que M. Foucault
n'a obtenue *que dans l'air*. Le moyen par lequel on a,
dans ce cas, la distance moyenne de la Terre au Soleil
ne nous paraît pas offrir plus de garanties que ceux
dont les astronomes peuvent disposer, et qui sont : les
passages de Vénus sur le disque solaire; la *position de
Mars* à son *opposition* et à sa *distance minimum* de la
Terre; et enfin les *perturbations* des planètes et de la
Lune déterminées par les formules de la mécanique
céleste, et comparées aux perturbations *observées*.

TABLE DES MATIÈRES

Extrait du Catalogue.

ARAGO (F.), secrétaire perpétuel de l'Académie des sciences. *Astronomie populaire*; 4 vol. avec 24 cartes et planches. 80 figures sur acier et 300 fig. dans le texte. Prix : 30 fr.

BABINET, membre de l'Institut. *Études et lectures sur les sciences d'observation et leurs applications pratiques.* In-12. Chaque volume se vend séparément. 2 fr. 50. 7 volumes sont parus.

ADHÉMAR (J.). *Révolutions de la mer.* Déluges périodiques; 2ᵉ édition. 1 vol. in-8, vii-359 p. et atlas in-8 de 11 pl. doubles. 1860. 8 fr.

LE HON (H.). *Périodicité des grands déluges* résultant des mouvements graduels de la ligne des absides de la terre, théorie prouvée par les faits géologiques (complément à l'ouvrage de M. Adhémar, *Révolutions de la mer*). 1 vol. in-8. 112 p. et 1 carte. 1858. 3 fr.

Annales du Conservatoire impérial des arts et métiers. Recueil de mémoires et d'observations sur les sciences, l'industrie et l'agriculture, publié par les professeurs du Conservatoire, M. Cʜ. Laboulaye, directeur de la publication.

MODE DE PUBLICATION.

Les *Annales du Conservatoire* paraissent tous les trois mois depuis le 1ᵉʳ juillet 1860, par fascicules de 10 à 15 feuilles, avec bois dans le texte et des planches gravées sur cuivre.

Le prix de l'abonnement est de 16 francs par an pour la France.

Annales du Génie civil. Recueil de mémoires sur les mathématiques pures et appliquées, les ponts et chaussées, les routes et chemins de fer, les constructions et la navigaton maritime et fluviale, l'architecture, les mines, la métallurgie, la chimie, la physique, les arts mécaniques, l'économie industrielle, le génie rural; revue de l'industrie française et étrangère, publiée par une réunion d'ingénieurs, d'architectes, de professeurs et d'anciens élèves de l'École centrale et des Écoles d'arts et métiers, avec le concours d'ingénieurs et de savants étrangers.

MODE DE PUBLICATION.

Les *Annales du Génie civil* paraissent mensuellement du 25 au 30 de chaque mois. Chaque numéro se compose de 4 à 5 feuilles de texte grand in-8, avec figures ou 3 à 4 pl. grand in-4, de manière à former tous les ans deux volumes d'ensemble environ 900 pages, et un atlas de 30 à 40 planches.

Prix de l'abonnement à l'année courante pour Paris, la Province et l'Algérie :   20 fr.

Prix des numéros séparés :   2 fr. 50

Prix des années écoulées :   25 fr.

BAST (A. de). *Merveilles du génie de l'homme, découvertes, inventions.* Récits historiques et instructifs sur l'origine de l'état actuel des découvertes et inventions les plus célèbres. 1 vol. in-8, illustré de nombreux dessins. 447 p. 1852.   12 fr.

BÉNOIT (P.-M.-N.), ex-professeur de topographie et de géodésie à l'École d'application d'état-major, ancien élève à l'École polytechnique, etc. *Cours complet de topographie et de géodésie.* Traité des levers à la planchette, à la boussole et au goniomètre, précédé de généralités sur les descriptions graphiques des corps et du globe terrestre en particulier. 1 vol. in-8, 495 p. et 12 pl.   7 fr. 50

DRAPIEZ. *Minéralogie usuelle,* ou Exposition succincte et méthodique des minéraux, de leurs caractères, de leur composition chimique, de leurs gisements et de leurs applications aux arts et à l'économie. 1 vol. in-12, 504 p. 3 fr.

Paris. — Imprimerie de P.-A. Bourdier et Cⁱᵉ, rue Mazarine, 30.

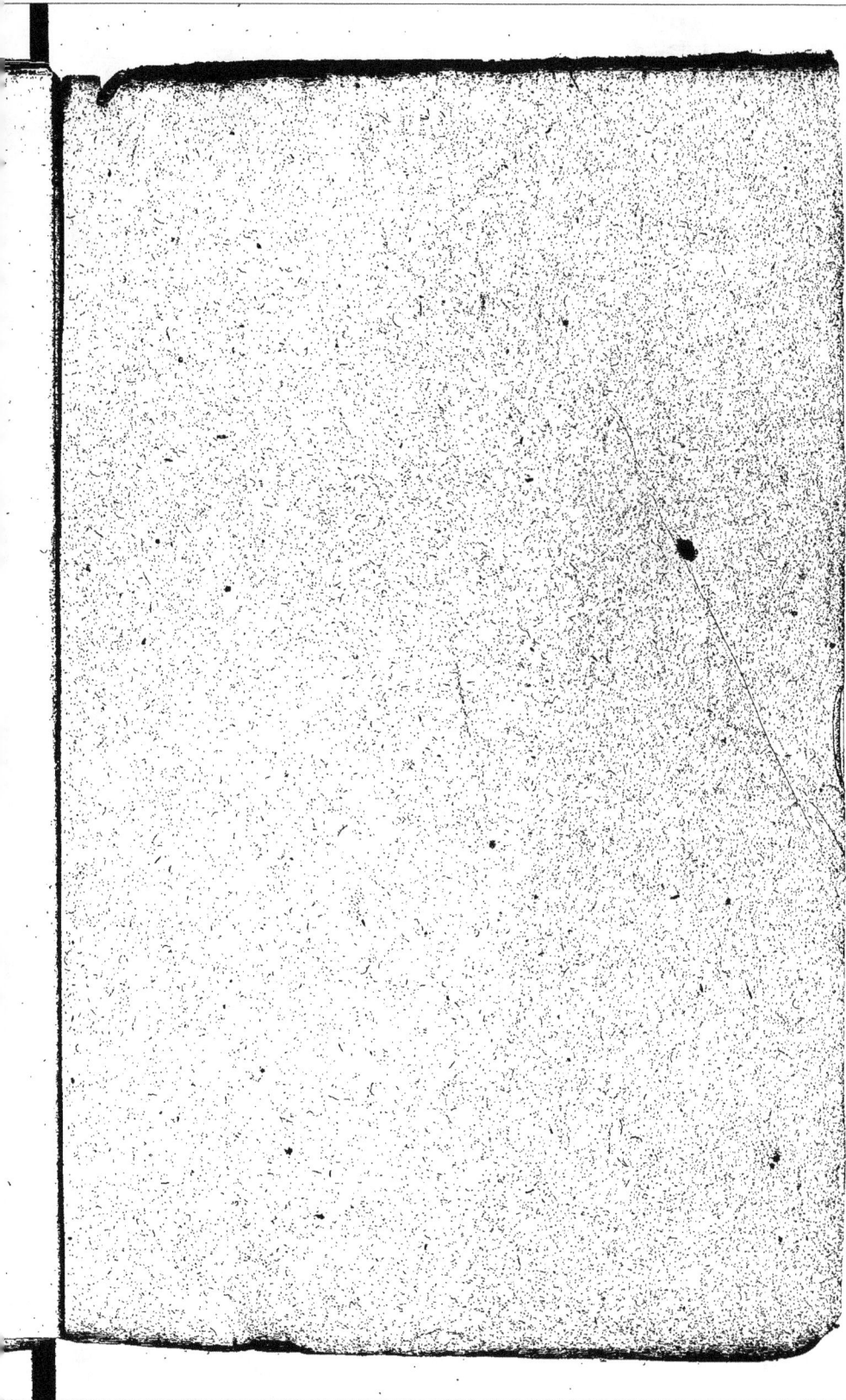